NOUVELLES DÉCOUVERTES

FAITES AVEC LE MICROSCOPE

Par

T. NEEDHAM,

Traduites de l'Anglois.

Avec un

MEMOIRE

SUR LES

POLYPES à BOUQUET,

Et sur ceux en Entonnoir.

Par

A. TREMBLEY.

Tiré des Transactions Philosophiques.

À LEIDE,

DE L'IMP. D'ELIE LUZAC, FILS.

M D C C X L V I I.

CES DÉCOUVERTES

MICROSCOPIQUES

Sont dédiées

À

MONSIEUR

MARTIN FOLKES,

*Président de la Société Royale
de Londres.*

Et à

TOUS LES AUTRES MEMBRES DE
CETTE ILLUSTRE SOCIÉTÉ.

*Par leur très humble &
très obéïssant ser-
viteur,*

TURBERVILL NEEDHAM.

AVERTISSEMENT

D U

TRADUCTEUR.

Ce petit Livre contient des Découvertes ſi intereſſantes, que j'eſpère qu'il ſera auſſi bien reçu des *François* qu'il l'a été des *Anglois*, & cela ſur-tout dans un tems, où les excellens Ouvrages de Mr. De Reaumur ont ſi fort

mis

AVERTISSEMENT.

mis en crédit l'étude de l'Histoire
naturelle.

La manière simple & modeste
dont Mr. Needham raporte les
faits dont il a été témoin, ou
propôse ses conjectures, doit nous
engager à souhaiter qu'il continue
ses recherches. Il a si bien com-
mencé, qu'on a tout lieu d'espe-
rer encore de lui des choses plus
considerables que celles-ci, qu'il
vient de publier pour son coup
d'essai, & dont quelques unes feroient cependant honneur aux
plus grands Maîtres. La découverte de l'action des Vaisseaux
laiteux du Calmar, de la Poussière qui féconde les Plantes,
des Anguilles qui sont dans le Blé
gaté par la Nielle &c., nous est
un sûr garant qu'il a toutes les
qua-

qualités qui caractérisent un Ob-
servateur attentif & judicieux.
S'il y a quelque chose à desirer
dans son Ouvrage, c'est un
peu plus d'étendue en certaines
occasions. Ce qu'il dit, par
exemple, sur les Oeufs de la Raye,
auroit besoin de quelque éclair-
cissement : ces Oeufs sont d'u-
ne figure si extraordinaire, qu'il
n'auroit pas mal fait de les décrire plus au long ; & cela auroit été d'autant plus à propos,
que tout ce que les Naturalistes
en ont dit jusqu'à present est assez imparfait.

J'ai pris la liberté d'inserer des
notes dans quelques endroits,
pour éclaircir certains faits ; afin
qu'on ne les confondit pas avec
celles de l'Auteur, je les ai tou-

jours terminé par ces Lettres R. d. T. Quant au Texte, j'ai rendu fidèlement celui de l'Original; & par rapport aux Planches, j'ai eu soin qu'elles fussent exactement semblables à celles de l'édition angloise ; à l'exception de quelques Lettres, que je leur ai ajoutées, pour faciliter les renvois , qui ne font pas assez distincts dans l'Original.

Je leur ai joint aussi, dans la Planche VII. les Figures de deux Bernacles, qui vérifient une conjecture de Mr. Needham, savoir que ces Animaux se multiplient par végétation, comme les Polypes d'Eau douce à bras en forme de Cornes. Ce fait étoit trop intéressant, pour que je perdisse l'occasion de l'établir solidement.

A-

AVERTISSEMENT.

Après l'Ouvrage de Mr. Needham, j'ai fait suivre un Mémoire
de Mr. Trembley, sur les Polypes à Bouquet, qui se trouve
imprimé en Anglois dans les
Transactions Philosophiques de
l'Année 1744. N°. 474. pag. 169.
Ce Mémoire aussi digne d'être
lu parce qu'il est un modèle de
la méthode qu'il faut suivre lors
qu'on veut écrire sur l'Histoire
naturelle, sans donner de sim-
ples conjectures au lieu de réalités,
que pour les nouvelles découvertes qu'il renferme, n'est pas
un médiocre ornement pour cet
ouvrage. Il nous fait connoitre
de nouveaux. Animaux, dont
on n'a presque pas eu d'idée jusqu'à présent. Les uns font des
Fleurs animées, sur lesquelles Mr.

* 5   Trem-

AVERTISSEMENT.

Trembley continue à faire des obſervations, qu'il communiquera j'eſpère au Public, dans un Ouvrage plus étendu, & qui ne ſera pas moins intereſſant que celui qu'il a publié ſur les Polypes à bras en forme de Cornes. Les autres ſont des Animaux qui ont la forme d'un Entonnoir, & dont la Multiplication s'éloigne, auſſi bien que celle de ceux à Bouquet, de toutes les eſpèces de générations dont les Naturaliſtes ont parlé, & eſt un Phènomène qui n'eſt pas moins curieux qu'extraordinaire.

Aux Figures qui accompagnent ce Mémoire dans les Transactions, j'ai cru devoir ajouter la Figure 6. de la Planche VII. Elle repréſente l'Appareil que Mr.

Trem-

AVERTISSEMENT.

Trembley emploie pour obferver les Infectes dans l'Eau; j'en connois toute l'utilité par ma propre expérience; & je ne faurois affez le recommander à ceux qui voudront faire de femblables obfervations; j'ofe même dire qu'ils ne fauroient s'en paffer. On auroit difficilement compris la defcription que j'en ai donnée, fi je ne l'avois pas éclaircie par une Figure. Ceux qui ne feront pas à portée de faire conftruire les portes-loupes, qui font la principale pièce de cet Appareil, en trouveront ici à Leide, chez Mr. Jean van Muffchenbroek; dès que cet habile Artifte en a connu l'utilité, il s'eft appliqué à en faire avec tout le foin poffible. Je ne dois pas oublier non plus

qu'on

AVERTISSEMENT.

qu'on peut encore acheter chez lui des Microfcopes de nouvelle invention, faits à Londres par Mr. Cuff, & qui furpaffent à tous égards ceux qui ont été en ufage jufqu'à prefent. On peut les rendre fimples ou compofés, fans aucun embaras ; tous leurs mouvemens s'opèrent avec beaucoup de facilité & de juftefle, & cela fans qu'il foit néceffaire de mouvoir l'objet qu'on examine, & qui peut être indifferemment opaque, transparent, folide, ou fluide. Je ne doute pas que fi ces Microfcopes font une fois généralement connus, ils ne contribuent à augmenter le nombre des découvertes microfcopiques, à caufe de la facilité avec laquelle chacun pourra s'en fervir.

PRE'-

PRÉFACE

DE
L'AUTEUR.

Il n'importe pas au Lecteur de savoir que l'Auteur de cet Ouvrage étoit fort incommodé, dans le tems qu'il étoit occupé aux observations qui en font le sujet: cette consideration pourroit cependant lui servir d'excuse pour les fautes dans lesquelles il est tombé. Il est si convaincu de l'imperfection de son travail, qu'il ne se seroit jamais

PREFACE

mais déterminé à mettre ce livre sous la presse, s'il n'avoit pas esperé d'engager par là de plus habiles gens à corriger & finir ce qu'il n'a qu'ébauché. La nouveauté & la singularité des sujets qu'il traite, sont si incontestables, qu'il n'a pas besoin d'une autre apologie pour se justifier de ce qu'il s'est hâté d'en faire part au Public; à la vérité il a encore été encouragé à cela par des personnes de mérite & de savoir, à qui il a eu l'honneur de faire voir quelques unes de ses préparations; mais si cette dernière raison avoit été seule, elle n'auroit pas été suffisante pour lui.

Il ne s'est proposé ici que de donner un simple narré de faits; quand il hasarde quelques conjectures, c'est avec toutes les précautions d'un Auteur qui propose ses idées, sans déroger au respect qu'il

PREFACE.

qu'il doit avoir pour le sentiment
de ceux qui ont écrit avant lui.
S'il s'est trompé; il a cela de commun avec des Personnes qui, avec
beaucoup plus de génie & d'expérience que lui, ne peuvent pas se
flatter d'être exemptes d'erreur,
sur-tout sur des sujets de la nature de ceux dont il est parlé dans
cet Ouvrage. Il recevra avec
reconnoissance les avis de ceux qui
lui indiqueront des fautes, & il
ne manquera pas de les corriger
dans une nouvelle Edition, si cet
Essai parvient à être réimprimé.
Au cas que son travail ne soit pas
désagréable à ceux qui ont du gout
pour l'Histoire naturelle, ce sera
là pour lui un motif qui l'engage-
ra à continuer ses recherches ; &
s'il fait quelques découvertes in-
teressantes, il ne négligera rien
pour les faire paroitre aux yeux
du Public, d'une manière qui les

fasse

faſſe lire avec plaiſir.   S'il avoit eu le bonheur d'avoir plutot des liaiſons avec quelques Savans, leurs conſeils & leurs lumières l'auroient vraiſemblablement garanti d'une partie des fautes, que ſes Lecteurs pourront lui reprocher.

I N-

INTRODUCTION.

Quoique la Nature, dirigée par fon Créateur, foit d'une fécondité qui s'étend au de-là des bornes de nôtre Imagination, & qui fe manifefte continuellement par un développement fucceffif de Corps organifés, infinis dans leur variété auffi bien que dans leur nombre; il règne cependant une telle uniformité dans toutes fes productions, que non feulement l'Echelle des diverfes efpèces d'Etres vifibles eft compofée de gradations aifées & presqu'imperceptibles; mais qu'encore l'harmonie, qu'il y a entre les divers Individus des Mondes, s'il m'eft permis de donner ce nom aux diférentes portions de la Matière qui font habitées,

A n'eft

n'eſt pas moins ſurprenante que celle des eſpèces, ſous lesquelles on range ces Individus.

Suivant cette Théorie, qui eſt quelque choſe de plus qu'un Syſtème ſpécieux, ou qu'une ſimple ſaillie de nôtre Imagination, puisqu'on en voit pluſieurs preuves dans la Nature; ſuivant cette Théorie, dis-je, une goute d'Eau, d'une ligne de diamètre, peut être une Mer, non ſeulement parce qu'elle contient, comme l'expérience nous l'aprend tous les jours, des millions d'Animaux, auxquels elle fournit la nourriture; mais auſſi à cauſe de la reſſemblance que ces Animaux peuvent avoir avec ceux des diférentes eſpèces, qui ſe trouvent dans ces parties de l'Univers, que nous apercevons à l'oeil nud.

Si nous pouvions pouſſer nos découvertes dans le Monde microſcopique, au de-là des bornes que la Nature a jugé à propos de nous prescrire ici, ou ſi ſeulement nous les avions portées actuellement auſſi loin qu'on pourra les porter dans la ſuite, je me perſuade que la vérité de cette
Théo-

Théorie feroit mife dans un beaucoup plus grand jour, que celui où elle eſt mife à prefent par le petit nombre d'obſervations qui ont été faites : obſervations qui fuffifent cependant pour prouver qu'on ne doit pas la regarder comme une fuppofition dénuée de fondement. Et même, quelqu'imparfaites que foient nos connoiſſances à cet égard, nous ne manquons pas de raifons pour démontrer, que les Habitans des diverſes portions de la Matière ont fouvent beaucoup de reſſemblance les uns avec les autres, quoiqu'ils difèrent fort en grandeur.

Les extrémités du grand & du petit, pouſſées auſſi loin que nôtre Imagination, aidée de l'expérience, peut les concevoir, font à une diſtance immenſe l'une de l'autre ; cependant il n'y a aucune abſurdité à fuppofer que toute l'étendue de nos connoiſſances, mefurée depuis les plus grands objets que nous connoiſſons, jusqu'aux plus petits Animalcules, que nous découvrons par le Microſcope, & dont un million n'égalent pas un

A 2   grain

grain de fable, ne paroitroit qu'un point, fi on pouvoit la comparer avec l'efpace compris entre les bornes, par lesquelles la Nature eft véritablement renfermée ; c'eft ainfi qu'une four-millière, qui feroit habitée par des Fourmis, douées de raifon, ne feroit regardée par fes Habitans, que com-me une partie infiniment petite du globe terreftre.

Ainfi un Animal, que nous ne voions qu'à l'aide du Microfcope, peut ê-tre à l'égard d'une infinité d'autres, qui lui font inférieurs du coté de la figure & de la grandeur, ce qu'un E-léphant, une Autruche, ou une Ba-leine font dans les diverfes claffes des Quadrupèdes, des Oifeaux, ou des Poiffons ; & cela peut aller fi loin, que par rapport à notre Imagination l'Echelle des Etres naturels n'eft pas moins infinie en defcendant qu'en montant: d'un coté elle s'étend jus-qu'à l'immenfité, & de l'autre elle di-minue en s'approchant de plus en plus du néant, fans cependant y at-teindre jamais.

Quelques reflexions générales de cet-

cette nature , que j'ai faites après les découvertes des étonnantes propriétés des Polypes d'Eau douce, dont le Public est redevable à Mr. Trembley, m'ont engagé à examiner si l'on ne pourroit pas trouver dans la Mer des espèces de Poissons, qui, semblables à ces Polypes, fussent en grand ce que ceux-ci font en mignature, ou nous servissent au moins à répandre plus de jour sur des Phénomènes qui échapent à nos observations, à cause de la petitesse des objets qui nous les offrent.

La propriété singulière, qu'ont ces Polypes de reproduire les parties de leur Corps qu'ils ont perdues, doit dépendre sans contredit, même dans ceux qui font les plus grands, d'un Mécanisme de Vaisseaux si petits , que nous ne risquons rien en la mettant au nombre des choses, que nous ne saurions expliquer. Mr. De Reaumur a soupçonné avec raison que cette faculté n'étoit pas particulière à ces Animaux, & ensuite Mrs. Gerrard de Villars, de Jussieu, & autres, l'ont démontrée en grand dans quel-

A 3　　　ques

ques productions marines, telles que
les Orties & les Etoiles de Mer. Je
puis même pour surcroit de preuves faire voir un rayon d'une de
ces Etoiles, que je conserve dans u-
ne liqueur spiritueuse, & qui, quand
il y a été mis, étoit occupé à reparer
une perte qu'il avoit faite. On voit
l'extrémité qui repousse, & qu'il est
aisé de distinguer, parce que son diamètre n'est pas encore égal à celui
du reste du rayon. Il y a quelque-
tems que, pour satisfaire la curiosité
de diverses personnes, j'envoiai en
Angleterre cette Etoile de Mer, avec
quelques autres préparations de cette
espèce, dont il sera parlé dans le
Corps de cet Ouvrage. J'ai ensuite
eu l'honnenr de presenter le tout à
l'Illustre Président, & à plusieurs autres dignes Membres de la Société
Roiale. Ces Messieurs aiant examiné avec attention ce que je leur ai
fait voir, & particulièrement les
Vaisseaux, qui contiennent la Laite
du Calmar, ont eu la bonté de m'en-
courager à publier cet Essai.

La manière extraordinaire dont
ces

ces Polypes fe multiplient, & qui femble être une véritable Végétation; en quoi je fuis convaincu qu'ils diffè- rent des Etoiles de Mer, puisque la diffection m'a fait voir des Laites dans les Males, & des Oeufs dans les Femelles de celles-ci; cette maniè- re, dis-je, dont ils fe multiplient, eft une propriété de même nature, & auffi furprenante que celle qu'ils ont de reparer les pertes quils ont faites. Il pourra arriver que dans la fuite on en trouvera des exemples dans d'au- tres Animaux; mais jufqu'à préfent on n'en a découvert aucun; fi ce n'eft peut-être dans les Bernacles (a); pe- tits

(a) Le Bernacle eft proprement un Oifeau marin, qui a quelque reffemblance avec le Canard: mais on a donné le même nom aux Productions marines, dont il s'agit ici, parce qu'on s'eft imaginé que cet Oifeau leur devoit la naiffance; peut-être parce qu'il pond fes oeufs dans leur Coquille, après avoir mangé le Poiffon qui y eft. Quoiqu'il en foit, cette opi- nion a engagé les Naturaliftes à appeller ces Poiffons *Conques anatifères*; nom générique, fous lequel on comprend auffi les Glands de Mer, & les Pouffe-piés: c'eft pourquoi je lui ai préféré celui que notre Auteur leur donne en

tits Animaux tubiformes , * qu'on trouve adhérens par groupes aux Rochers, & au fond des Vaiſſeaux, où ils multiplient prodigieuſement.

Leur propagation, autant que j'en puis juger par un petit nombre, que le haſard m'a fait voir morts ſur les côtes de la Mer, ſemble avoir quelque analogie avec celle du Polype d'Eau douce. J'en ai trouvé ſix ou ſept en groupe, intimément joints enſemble par leur extrémité, & qui reſſembloient, non à des petits, qui ſortoient du Corps de leur Mère, comme des branches, qui pouſſent d'un même tronc, mais à des rejettons qui ſortent d'une même racine (b). Cependant je ne puis rien déterminer avec

Anglois, & qui leur eſt donné auſſi par les habitans des côtes de Provence & de Bretagne. R. d. T.

(b) Le hazard m'a été à cet égard plus favorable qu'à Mr. Needham. Il m'a fait tomber entre les mains quelques groupes de ces Animaux, conſervés dans de l'Eſprit de Vin, parmi lesquels il y en a pluſieurs joints par l'extrémité de leur tube, & quelques autres, qui pouſſent des rejettons par diférens endroits

avec certitude là-deſſus , jusqu'à ce que j'aie eu pluſieurs occaſions d'examiner ces Animaux en vie; à la vérité j'en ai vu ſouvent de vivans, mais c'étoit durant les chaleurs de l'Eté, & lorsqu'ils avoient acquis toute leur grandeur; auſſi les ai-je toujours trouvé éloignés de deux ou trois pouces les uns des autres.

Leur Corps , ou pour parler plus exactement, l'Etui dans lequel ils ſont

ren-

droits de leur Corps; enſorte que je ne doute point, qu'ils ne ſe multiplient par Végetation; & que l'Analogie, que nôtre Auteur ſoupçonne, avec autant de prudence que de pénétration, entre eux & les Polypes d'Eau douce, n'ait réellement lieu. Comme ce fait eſt auſſi curieux qu'intéreſſant, j'ai cru faire plaiſir au Lecteur en le lui mettant ſous les yeux par les Figures 1. & 2. de la Planche VII. Dans la Fig. 1. *a b c* eſt un Bernacle, chargé de deux autres qui ſortent de ſon Corps en *b*, & qui ſont joints par leur partie *b d*. La Fig. 2. repréſente un autre Bernacle *a b*, qui pouſſe en *b*, par l'ouverture de ſa Coquille, un petit *c*. Au reſte il faut remarquer que ces Bernacles ſont ici repréſentés dans la ſituation qu'ils ont, lorsqu'ils ſont fixés contre le fond d'un Vaiſſeau , car lorsqu'ils ſont adhérens à un roc, leur Coquille eſt en haut. R. d. T,

renfermés, (c) eſt un Cylindre, qui,
ſèché par le Soleil, comme ceux que
j'ai trouvé, n'a que deux pouces de
long (d); il eſt fort compacte, noir &
rude comme du chagrin; une de ſes
extrémités eſt garnie d'une Coquille,
bivalve en apparence, mais compoſée réellement de cinq parties diférentes, qui ſemblent être ſuſceptibles
d'une extenſion & d'une contraction
conſidérable, lorsque l'Animal eſt en
vie.

La Tête de ce Poiſſon eſt armée
de diverſes petites Cornes, ou Bras,
dont la longueur diminue par dégrés, & qui, vus au Miſcroſcope,
paroiſſent joliment frangés. Ces Bras
ne ſont pas rangés circulairement autour de la Bouche, mais ils partent
tous des environs d'un même point:

lors-

(c) Cet Etui eſt vuide, & le Poiſſon eſt
renfermé tout entier dans ſa Coquille. C'eſt
ce que notre Auteur a reconnu lui-même,
comme il en avertit dans la ſuite, au Chap.
xi. R. d. T.

(d) J'en ai vu qui, conſervés dans l'Eſprit
de Vin, avoient plus de ſix pouces de longueur. R. d. T.

lorsqu'ils se contractent, ils forment des courbes irrégulières, enfermées les unes dans les autres. La Tête, chargée de cet appareil, peut sortir, ou rentrer à volonté dans la cavité de sa Coquille, dont chaque batant est composé de deux pièces * jointes ensemble par une fine peau, qui s'insinue dans chaque division, & qui est mobile sur une autre pièce, * qui est entre les deux batans, & qui leur sert de charnière (e). * PLANCHE VI. Fig. 2. a b * PLANCHE VI. Fig. 3.

La première fois que j'eus occasion d'examiner cette Production marine, je n'avois qu'une idée imparfaite des Polypes à panache de Mr. Trembley; aussi ne fis-je que soupçonner que celle-la pouvoit être en grand ce que ceux-ci sont en petit. Mais aiant eu ensuite le bonheur de m'entretenir avec Mr. Trembley, & d'être

(e) La Fig. 1. de la Pl. VII. fera mieux comprendre cette description : *e* est la charnière; *f* & *g* sont les deux pièces, qui forment chacun des batans de la Coquille ; *b* est la division qui est entr'elles, & dans laquelle s'insinue la membrane qui les tapisse intérieurement. R. d. T.

A 6

tre témoin oculaire de ses découvertes à cet égard, en même tems que j'eus l'honneur de lui faire voir les Vaisseaux qui contiennent la Laite du Calmar, je me suis convaincu qu'il y a ici quelque chose de plus qu'une Analogie assez éloignée. Mr. Trembley dit que ce panache est composé de cinquante ou soixante petites Cornes ou Bras: & que, quand l'Animal est tranquile, ces Bras sortent d'un fourreau, ou d'une cellule, & qu'en se recourbant subitement, ils occasionnent dans l'eau une sorte de tournant, qui entraine dans la bouche du Polype la proie dont il se nourrit.

Mr. Baker, (*f*) que j'aurai occasion de citer encore dans la suite, en parlant de cette espèce de Polypes, s'ex-

______

(*f*) Voiez son Histoire naturelle du Polype, & remarquez en même tems qu'il s'est trompé, quand il a cru que l'Animal décrit par Leeuwenhoek étoit un Polype à panache; c'est un Insecte diférent, très bien connu de Mr. Trembley, qui lui donne le nom de Polype Teigne; les deux roues, dont parle Leeuwenhoek, n'ont rien de commun avec le panache du Polype. R. d. T.

s'exprime de la manière fuivante ,,la
,, defcription qu'on en donne, m'in-
,, duit à croire, que c'eft le même
,, Animal dont Mr. Leeuwenhoek a
,, parlé, & qu'il a dit vivre dans un
,, fourreau ou cellule, qu'il attache
,, aux racines de quelques plantes a-
,, quatiques. Il a fur fa tête deux
,, efpèces de roues, ornées d'un grand
,, nombre de dents ou entamures ;
,, & ces roues tournent en rond,
,, comme fi elles étoient fur des axes.
,, Il remarque auffi, qu'au moindre
,, attouchement l'Animal renferme
,, dans fon Corps tout cet appareil,
,, & fe retire lui même dans fon four-
,, reau". En éfet, quoique les Animaux, que décrit Mr. Leeuwenhoek,
foient beaucoup plus petits que ceux
qui ont été découverts par Mr. Trembley, ils ne femblent guères en diférer qu'en grandeur, comme une efpèce peut diférer d'une autre. La petite
variété, qui refulte du nombre & de
l'arrangement de leurs Bras, qui femblent être des roues, ne fait pas ici
une diférence effentielle.

A 7　　　Ces

Ces Roues apparentes peuvent n'ê-
tre en éfet qu'un appareil de Cornes
ou de Bras, femblables aux pana-
ches des Polypes, & analogues aux
Cornes, qui ornent la Tête du Bernacle, & qu'il fait auffi fortir de fa Coquille, pour former dans l'eau une
efpèce de tournant. Si cela paroit
auffi probable aux autres qu'à moi,
nous pourrons nous en fervir à éclaircir plufieurs difficultés, qui femblent
découler de ces Phénomènes micros-
copiques, au cas que nous fuppofions,
avec quelques Auteurs, qu'il y a réellement ici une rotation, qui fe fait
par le mécanisme d'une pièce déta-
chée, qui tourne fur un axe; & qu'ainfi
ce n'eft pas une fimple apparence
de mouvement, caufée par le jeu &
l'action du groupe de Bras.

On a un autre exemple d'un Animal, qui eft en grand ce que quelques Animaux microfcopiques font
en mignature, dans une efpèce de
petit Poiffon à Coquille, un peu plus
grand qu'un grain de gros fable.
J'en ai vu dans de l'eau de pluie, qui

avoit croupi en quelques endroits
bas du rivage de la Mer près de Lis-
bonne. J'en ai observé aussi dans de
l'eau de fontaine à une grande distan-
ce de la Mer.

Ce Poisson, vu au Microscope,
paroit être renfermé dans une Coquille bivalve, transparente, & d'u-
ne figure semblable à celle d'un
Moule. Il a aussi un appareil de Cornes ou de Bras, qu'il peut avancer
ou retirer, quand il le trouve à propos. Il s'en sert pour former dans
l'eau un tournant qui lui amène sa
proie, ou pour changer de place, en
avançant tantôt en ligne droite, &
tantôt circulairement ; & alors il donne à sa Coquille une ouverture d'environ trente dégrés.

On trouve assez communement
dans l'eau corrompue un petit Animalcule ovale, qui m'a fait voir souvent des Phénomènes parfaitement a-
nalogues à ceux, que j'ai observés dans
ce Poisson. J'ai tout lieu de croire qu'il
n'en difère qu'en grandeur. Car quoique je ne puisse pas assurer positivement

ment que j'aie vu la Coquille bivalve,
où je le crois renfermé, & qui est trop
petite, & trop transparente pour être
vue distinctement; j'ai cependant remarqué que, comme ce Poisson, il
avançoit & retiroit souvent ses petites Cornes, & que sa figure étoit
tout-à-fait la même. Ainsi je me
persuade que ceux, qui voudront se
donner la peine d'observer ces Animaux avec attention, penseront comme moi à cet égard.

On me pardonnera, j'espère, cette petite digression, dans laquelle je
n'ai pour but que d'engager les Curieux, qui croiront que la chose en
vaut la peine, à examiner les Objets,
dont j'ai parlé, avec plus de précision
que je ne pretend l'avoir fait; sachant
bien que je n'ai pas toute l'expérience
nécessaire dans des observations de
cette nature. Je reviens à mon premier sujet.

Mr. Baker, dans son Histoire naturelle du Polype, où nous trouvons
un grand nombre d'Expériences, variées d'une façon très propre à sa-

tis-

tisfaire nôtre curiofité ; Mr. Baker,
dis-je, remarque, ,, que la forme or-
,, dinaire du Bras d'un Polype, quand
,, il eft parfaitement tranquile, &
,, qu'il paroit à fon aife, reſſemble
,, fi fort à un rayon d'une Etoile de
,, Mer, qu'en examinant ce dernier
,, nous pouvons former des conjeÉtu-
,, res vraifemblables fur plufieurs par-
,, ticularités qui regardent le pre-
,, mier, que nous ne faurions diftin-
,, guer parfaitement à caufe de fa
,, petiteffe ". Enfuite il confirme ce
qu'il a avancé, en entrant dans le détail. Suivant lui la conformation de
ces Bras, vus au Microfcope, & ce
qui arrive à un Ver, qui fe colle contre leur extrémité, dès qu'il la tou-
che, donnent lieu de croire qu'il **y a**
dans toute leur longueur des rangées
de petits tuiaux mobiles, & propres
à fuccer, comme on en voit aux
rayons de l'Etoile de Mer, & qu'ils
fervent au Polype à attraper & à retenir fa proie, avant même que fes
Bras fe foient pliés pour l'envelop-
per, & pour s'en emparer, de ma-
niè-

nière qu'elle ne puisse pas échaper.

Cette ressemblance de conformation est si exacte, & la comparaison que fait Mr. Baker est si juste, que je ne crois pas qu'il y ait rien à ajouter pour plus grande confirmation, qu'un exemple de même nature, tiré du Calmar, de la Sèche, & du Polype de Mer; trois espèces de Poissons, qui ont un réservoir plein d'encre, ou d'une liqueur noire; & qui ressemblent même plus au Polype d'Eau douce, que l'Etoile de Mer, comme il est aisé de s'en convaincre en les observant attentivement.

En examinant avec toute l'exactitude dont je suis capable, la structure & le mécanisme des tuiaux propres à succer, qui sont très remarquables dans ces Productions marines; & en les observant dans le même but, que Mr. Baker a eu en vue dans la description qu'il nous donne des rayons des Etoiles de Mer, je suis parvenu insensiblement à découvrir dans le Calmar d'autres particularités beaucoup plus attrayantes; j'ai fait dessiner

finer ce que j'ai vu, auſſi exactement qu'il a été poſſible de le faire ſous la direction d'un homme, qui a auſſi peu d'expérience en cela que j'en ai; & enfin je me ſuis déterminé à publier mes obſervations. Je laiſſerai à mes Lecteurs le ſoin d'en faire l'application au Polype d'Eau douce, là où ils le jugeront convenable. Car à cet égard, je ne préviendrai point leur jugement; je me contenterai de décrire ſimplement cette Production marine : elle eſt très commune, & cependant les Auteurs qui en ont parlé, ne me paroiſſent pas l'avoir décrite avec toute l'exactitude néceſſaire.

A' ce que je dis du Calmar, j'ai joint quelques autres Découvertes microſcopiques, que j'ai faites autres fois. Je les crois entièrement nouvelles, & je me flatte qu'à cauſe de cela elles ſeront du gout du Public. Leur nouveauté & leur ſingularité feront peut-être qu'on me pardonnera mon ſtile, de l'inexactitude duquel je ſuis ſi fort convaincu, que tout

ce

ce que j'ose alléguer en ma faveur sur cet article, se reduit à dire que c'est ici le premier Essai d'un jeune Auteur, qui par cette raison espère quelqu'indulgence de la part de ceux qui liront son Ouvrage.

NOU-

NOUVELLES DÉCOUVERTES

Faites avec le Microscope.

CHAPITRE I.

Du Calmar, & de ses Dimensions.

Le Calmar * ne difère qu'en peu
de choses de la Sèche & du Polype de Mer, & il est aussi bien
qu'eux de l'espèce de ces Poissons,
qui ont un réservoir plein d'une liqueur noire comme de l'encre. Au
lieu de cette partie blanche, friable,
& opaque, qui couvre le Corps de la
Sèche, & qui est connue vulgaire-
ment sous le nom d'Os de Sèche, le
Calmar a une substance élastique, fine, transparente, & qui ressemble à
du Talc : lorsqu'elle est étendue, elle
a la forme d'un ovale long, mais dans
sa situation naturelle elle est pliée suivant la longueur de son grand axe;

&

* PLAN-
CHE I.
Fig. 1.

& elle est placée immédiatement entre la partie intérieure du dos, ou de l'étui de l'animal, & entre ses intestins, qu'elle enferme & garantit dans la cavité qu'elle forme. Le Corps même du Calmar est aussi d'une figure oblongue; & la structure de cette curieuse partie, qui forme sa langue & son gosier, paroit être toute autre que dans la Sèche, si on l'examine avec le Microscope.

Je n'ai jamais vu de Polype de Mer. Mais autant que j'en puis juger par les meilleures descriptions que nous en avons, ce qui le distingue principalement du Calmar, & de la Sèche, est un Corps long, fait en tuiau, qu'il porte sur le dos, & qui lui sert de gouvernail quand il nage; car les Naturalistes ont observé qu'il le fait pancher tantôt à droite, & tantôt à gauche, suivant les endroits où il veut aller. Quant au reste ces Poissons se ressemblent si fort, que je crois pouvoir borner mes observations au Calmar; persuadé que tout ce qu'il renferme de curieux & de digne de notre attention, se trouvera

aussi

auffi dans ces deux autres efpèces,
quoi qu'avec quelque légère diférence.

Le Calmar a dix Cornes ou Bras,
rangés à égale diftance les uns des
autres autour d'une forte Lèvre *, cir- * PL. I.
culaire & ridée, qui enferme fon   Fig. I. 4
Bec, & qui reffemble à celle dans laquelle une Tortue de terre fait entrer fa tête, lorfqu'elle la retire fous
fon écaille.   Le Bec * de ce Poiffon * PL. III.
eft d'une fubftance, qui approche de   Fig. 5
celle de la corne. Les deux parties,
dont il eft compofé, font crochues,
& emboitées l'une dans l'autre. Cette
Lèvre ridée, qui fe ferre autour d'elles, comme une bourfe, les empêche
de fe difloquer, & n'en laiffe paroitre qu'une très petite portion. Le
jeu de ces deux parties fe fait de
droit à gauche ; & l'ouverture, qu'elles laiffent entr'elles, eft perpendicu-
laire, & non parallèle, comme il feroit
naturel de le croire, au plan qui paffe
par fes deux yeux. Ces yeux font placés aux deux cotés de la Tête à une
petite diftance l'un de l'autre, au des-
fous de la racine des Bras de l'Animal.
Ces

Ces Bras ne font pas tous de la
la même longueur. Il y en a deux
* qui font égaux à tout le Poiſſon,
tandis que les autres huit * n'ont
qu'un peu plus du quart de ſa longueur. Ces derniers vont en dimi-
nuant depuis leur racine jusqu'à leur
extrémité, où ils ſe terminent en pointe : leur coté intérieur, celui qui regarde la Bouche, eſt un peu convexe, & garni de diverſes rangées de
petits ſuçoirs mobiles ; mais leur
coté extérieur eſt terminé par deux
plans, qui forment un angle en ſe réu-
niſſant ; de ſorte que la coupe trans-
verſale de ces Bras fait voir un trian-
gle, dont la baſe eſt curviligne. Les
deux longs Bras ſont parfaitement
cylindriques, depuis leur origine jusqu'aux cinq ſixièmes de leur longueur ; là ils prennent la forme des
petits Bras, & comme eux ils ſont
garnis de ſuçoirs, mais dont la plupart ſont plus grands.

Ces Bras ſont compoſés d'une matière qui reſſemble aſſez à celle qui
forme les Tendons, dans les Animaux terreſtres. Ils ſont ſi élaſtiques,
que

que quand on les coupe transverſalement, les extrémités de la partie
coupée s'arrondiſſent d'abord d'elles
mêmes, & deviennent convexes, ſans
qu'il en puiſſe découler aucune hu-
meur. La même choſe arrive ſi l'on
coupe une partie de l'Etui cartilagineux, qui forme les trois quarts de la
longueur du Corps du Poiſſon, & qui
ſemble être fait d'une ſubſtance de la
même nature que celle des Bras. On
comprendra mieux cette deſcription,
& celles que je donnerai dans la ſuite,
ſi l'on a ſoin de les comparer avec
les figures, que j'ai ajoutées à la fin
de ce livre, & auxquelles je renvoie
le Lecteur dans tout le cours de cet
Ouvrage.

CHAPITRE II.

Du Nombre, de la Figure, & du Mé-canisme des Succoirs des Bras du Calmar.

L orsque ces Succoirs * ſont éten-
dus, ils reſſemblent aſſez au Ca-
ly-

* PLAN-CHE I. Fig. 2. 2,

B

lyce d'un Gland. Leur mécanisme
& leur action dépendent en partie de
leur figure, & en partie d'un anneau
cartilagineux : Cet anneau * est armé de petits crochets, & affermi dans
une fine membrane, un peu transparente, qui l'environne jusqu'à la
moitié de sa hauteur : on ne peut le
tirer qu'avec quelque éfort.

Chaque Sucçoir est adhérent au
Bras de l'Animal par un pédicule
tendineux *, qui conjointement avec
cette membrane s'élève & remplit
la cavité du Sucçoir, lorsqu'il se contracte pour agir. Tout ce qu'il tou-
che alors est arrêté par les petits crochets de l'anneau ; & ensuite pour
retenir plus fortement sa proie, il
retire son pédicule, avec la partie
inférieure de la membrane dont je
viens de parler. Par là il produit
une espèce de suction assez semblable
à ce qui arrive, quand on applique un
cuir mouillé sur une petite pierre ;
en retirant le cuir on enlève la pierre.

On comprend aisément, que l'application de plus de mille Sucçoirs
semblables, que l'Animal fait agir en
mê-

même tems , en approchant & en
entrelaçant ses petits Bras les uns
dans les autres, comme j'ai vu qu'il
le faisoit , pour bien environner ce
qu'il veut saisir ; on comprend, dis-je,
qu'une telle application doit l'empor-
ter sur les éforts, que fait sa proie pour
lui échaper. J'ai quelques fois compté
plus de cent Succoirs à un de ses petits Bras, & plus de cent vingt à l'extrémité de ses longs Bras. Mais il est
impossible d'en déterminer exactement le nombre , sur-tout dans les
huit petits Bras , où de la grandeur
de $\frac{1}{20}$ de pouce , ils vont en dimi-
nuant jusqu'à une petitesse incroïa-
ble , en s'approchant de l'extrémité
du Bras ; & là il n'y a plus moïen de
les compter.

Les plus grands de ces Succoirs se
trouvent sur les longs Bras : dans les
Calmars de seize pouces, ils ont environ trois dixièmes de pouce en diamètre, & à peu près autant en profondeur , lorsque leur cavité est autant élargie que la Membrane, dont
elle est tapissée, peut le permettre.

En examinant cette cavité à l'oeil
B 2 nud,

nud, elle femble être ouverte dans l'endroit qui répond au pédicule tendineux, qui eft au-deffous. Cela m'a fait dabord foupçonner, qu'elle avoit quelque communication avec le Corps du Bras, & que cette communication poûvoit s'ouvrir & fe fermer, fuivant le befoin, par le moïen d'une valvule : mais je fuis bien-tôt revenu de cette idée; car aïant féparé ce pédicule, j'ai taché à diverfes reprifes de faire paffer de l'Air par cette prétendue ouverture; mais, quelque éfort que j'aie fait, je n'ai pas pû en venir à bout: ainfi il n'y a réellement aucune apparence qu'il fe trouve ici une telle communication.

CHAPITRE III.

De la Langue & du Gofier du Calmar.

Au dedans de la cavité du Bec que j'ai décrit ci-devant, il y a une Membrane *, garnie de neuf rangées de Dents, qui fert au Calmar à hacher les alimens, dont il fe

nour-

* PLANCHE III. Fig. 1.

nourrit. Cette Membrane en s'élar-
giſſant par en-haut, & en ſe contour-
nant par en-bas, forme une Langue
& un Goſier. Lorsqu'elle eſt toute étendue ſuivant ſa largeur & ſa
longueur, elle a presque la figure
d'un rectangle. Dans le Corps de
l'Animal, ſa partie la plus large eſt
recourbée & inclinée, de façon qu'elle
fait un Angle de 45 dégrés, dont les
cotés ſont joints enſemble par un
mince ligament ; c'eſt là la partie,
qui tient lieu de Langue ; celle qui
eſt contournée au - deſſous forme par
le ſimple contact de ſes cotés, un
Goſier qui va en s'étréciſſant. Lorsqu'elle eſt ainſi pliée, elle reſſemble
aſſez à un champignon *.

Pour examiner cet objet au Microſcope, il faut l'étendre ſur un verre objectif concave ; & comme il eſt
fort petit, le meilleur moïen d'en
venir à bout eſt d'inſinuer une fine
aiguille dans la cavité, qui forme le
Goſier, pour rompre le petit ligament, dont je viens de parler : on
peut ſéparer ainſi les deux cotés qu'il
tient unis, & les diſpoſer auſſi com-

* PLAN-
CHE III.
Fig. 3.

mo-

modement qu'on veut , sans les endommager. Quand cette Membrane est ainsi developpée , il faut la laver doucement à diverses reprises dans deux ou trois goutes d'Eau , qu'on aura mises dans la cavité du verre objectif , & se servir de la pointe de l'aiguille , qu'on promènera d'une extrémité à l'autre , en suivant la direction dès Dents , pour en séparer tous les petits morceaux de chair qu'il peut y avoir entre deux. Cette opération doit être continuée jusqu'à ce que la Membrane paroisse claire & transparente à l'oeil nud. Cela fait, le verre , n°. 5 , d'un double Microscope à reflexion , suffira pour en decouvrir la beauté , & la symétrie.

Je vai la décrire aussi exactement qu'il me sera possible ; mais pour mieux comprendre ma pensée, que je ne pourrai exprimer qu'imparfaitement, je prie le Lecteur de consulter la figure * que j'en ai donnée à la fin de ce Livre, & de la comparer avec celle † que j'ai ajoutée de cette même partie tirée de la Sèche,

* PLANCHE III. Fig. 1.
† PLANCHE III. Fig. 4.

&

& qui vue au Microfcope, difère con-
fiderablement de la pécédente par la
figure & l'ordre de fes Dents.

Neuf rangées de Dents, occupent
d'un côté toute l'étendue de cette fine Membrane. Quoique dans les
plus grands Calmars elle n'ait qu'un
demi pouce en longueur, & un dixième de pouce en largeur *; elle eft * PLAN-
cependant auffi grande qu'il le faut CHE III.
Fig. 2.
pour contenir fans confufion 504
Dents, chaque rangée étant compofée de 56 Dents. En comparant ces
Dents avec un cheveu, long d'un
dixième de pouce, que j'avois placé
entre deux rangées, les plus longues
vues au Microfcope ne m'ont paru avoir qu'un dixième, & les plus
courtes qu'un trentième de pouce.
Leur Diamètre moïen étoit à peu
près égal à celui du cheveu.

Elles font rangées de façon qu'elles
correfpondent exactement les unes
aux autres. Celles des rangées cor-
refpondantes font précifément de la
même figure, afin que quand elles
fe rencontrent, elles puiffent s'ajufter
enfemble. Les Dents des deux ran-

B 4   gées

gées extérieures sont émouffées, &
reffemblent affez à des Dents mache-
lières ; celles qui les suivent sont plus
longues, coniques, & terminées en
une pointe fine ; leur figure approche
de celle des défenses d'un Sanglier.
Celles des deux rangs, qui viennent ensuite, sont des espèces de griffes
coudées, qui ont affez l'air de petites
faux. Les deux rangées suivantes
sont compofées de Dents, terminées
par trois pointes, dont celles qui sont
aux extrémités sont inégales entr'elles & fort courtes, & celle du milieu
est la plus longue. Enfin les Dents
de la rangée du milieu, reffemblent
affez à celles des deux rangées voifi-
nes ; la seule chose en quoi elles en
difèrent, c'est que les pointes de leurs
extrémités sont de même hauteur, tandis que la pointe du milieu, comme
dans les précédentes, les furpaffe l'u-
ne & l'autre, & fait que la Dent a la
forme de certains Bateaux, qui se
terminent en bec aux deux extrémités, & qui ont un petit mât au milieu.

Les Dents qui revêtiffent la Mem-
bra-

brane , qui forme la Langue & le Gofier de la Sèche *, ne difèrent de celles du Calmar, qu'en ce que celles des trois rangées du milieu reſſemblent à des cones creux , dont les ſommets ſont ſitués vers la baſe de ceux qui les ſuivent immédiatement. Cet Animal n'a que ſept rangées de 44 Dents chacune (a) ; par conſéquent il n'a que 308 Dents , & encore ſont elles plus petites que dans le Calmar ; l'étendue de la Membrane, à laquelle elles ſont adhérentes , eſt auſſi plus petite , puiſque ſa longueur n'eſt que de trois dixièmes de pouce , & ſa largeur d'un cinquième de ſa longueur. La figure, que j'en

* PLANCHE III. Fig. 4.

(a) Il y a une aſſez grande diférence , entre ce que dit ici nôtre Auteur , & ce que rapporte Swammerdam , qui nous a donné une exacte deſcription de la Sèche, à la fin de ſon Hiſtoire des Inſectes , intitulée *Biblia Naturæ*. Ce dernier prétend avoir compté ſur chacun des ſept oſſelets cartilagineux , qui forment ſuivant lui la Langue de la Sèche, plus de 60 Dents; ainſi le total en monteroit à plus de 420. Il eſt aiſé de ſe tromper ſur le nombre d'objets auſſi petits ; & de quelque coté que ſoit l'erreur, elle eſt de peu de conſéquence. R. d. T.

B 5

j'en ai donnée, n'en repréfente qu'une petite portion, mais qui fuffit pour éclaircir la defcription précédente, & pour faire comprendre la diférence qu'il y a à cet égard entre le Calmar & la Sèche.

Il faut remarquer ici une chofe, qui eft fur-tout fenfible dans le Calmar, c'eft que ces rangées de Dents font tellement inclinées vers celles du milieu, fuivant qu'elles en font plus ou moins éloignées, que les Dents étant prolongées felon leur direction, elles fe rencontreroient à peu près au centre du paffage, où le Gofier s'ouvre & s'infère dans un conduit long & étroit, qui tient lieu d'éfophage, & qui aboutit au ventricule de l'Animal ; Ainfi lorfque les alimens defcendent, ils ne font point arrêtés dans les intervalles des Dents; au contraire, pendant qu'ils font machés, ils reçoivent continuellement une direction, qui les degage infenfiblement, & les détermine vers l'ouverture, par laquelle ils doivent paffer.

Dans la Figure * on ne voit que vingt-quatre Dents dans chaque rangée,

* PLANCHE III. Fig. I.

gée, au lieu que dans l'Animal, il y
en a réellement cinquante six, comme je l'ai remarqué ci-devant. Je
me suis borné à ce nombre, parce
qu'il suffit pour donner une juste idée
de ce dont il est question ; & d'ailleurs
une personne de ma connoissance,
qui dessine fort bien, aïant vu cet
objet, sans le secours du Microscope,
m'a assuré qu'il étoit impossible de
représenter exactement toutes les cinquante six Dents, de chaque rangée,
avec les proportions qu'elles suivent
dans leur diminution. Elles vont en
décroissant d'une manière imperceptible dans les Dents voisines, mais
qui est très remarquable, si l'on
compare ensemble des Dents éloignées. Les plus grandes sont celles
qui se trouvent dans la cavité, qui sert
de Gosier.

J'ai remarqué, il n'y a qu'un moment, que ce Gosier s'insère dans
un conduit étroit, qui s'ouvre dans
l'estomac de l'Animal. Or près de
cette insertion, j'ai trouvé une fois
quelques alimens tout machés, pendant que ce qui étoit dans l'estomac

n'én'étoit qu'à moitié digéré. Cette circonstance, jointe à la structure de la Langue & du Gosier, me porte à croire, que dans ce Poisson il se fait quelque chose d'analogue à l'action de quelques Animaux terrestres, qui ruminent. Mais ce n'est là qu'un simple soupçon, sur lequel on ne peut pas faire grand fond, jusqu'à ce qu'il soit confirmé par un plus grand nombre d'observations.

CHAPITRE IV.

Du Corps & des Intestins du Calmar.

L e Corps de ce Poisson est un Etui cartilagineux *, garni de deux Nageoires *. Au dedans de cet Etui font renfermés les Intestins, adhérents à sa partie supérieure, & placés entre une fine membrane, qui leur tient lieu de Mésentère, & ce cartilage mince, roide, & transparent, qui ressemble à du talc, & que j'ai décrit dans le premier Chapitre. La figure * que je donne de cet Animal, vu

par

par deſſous, avec ſon Etui ouvert,
& étendu pour laiſſer paroître ce qu'il
renferme, fera peut-être mieux comprendre ce que je veux dire, que les
expreſſions dont je me ſervirai.

Le Bec de cet Animal, * tiré hors *PL. III.
de cette Lèvre ridée, dans laquelle ^{Fig. 5.}
il eſt renfermé, paroit avoir une fi-
gure ovale. Immédiatement au-des-
ſous eſt un conduit ou canal *, qui *PL. II. B.
a la forme d'un Entonnoir, ouvert à
ſes deux extrémités pour donner iſſue
à une liqueur noire, (a) dont le Calmar ſe ſert pour troubler l'Eau; &
cela je crois dans la vue d'empêcher
ſa proie de lui échaper, & non pour
ſe dérober à la pourſuite de ſes Ennemis, comme on l'a cru aſſez généralement. Au moins eſt-il ſûr que les
fragmens des alimens, qu'on trouve
dans ſon Eſtomac, prouvent qu'il ſe
nourrit d'Animaux, & qu'entr'autres

il

(a) Dans la Sèche le Canal, qui eſt analogue à celui-ci, donne iſſue aux excrémens,
& à la ſemence, ou aux oeufs du Poiſſon.
Voiez Swammerdam *Biblia Naturæ.* p. 884.
Il eſt vraiſemblable que dans le Calmar il
ſert auſſi au même uſage. R. d. T.

il va à la chaſſe des Pelamides & des
Melettes, petits Poiſſons, qu'on trouve en très grande quantité, dans des
basfonds, près de l'embouchure du
Tage , & où il eſt apparent qu'ils
ſe retirent pour éviter les Calmars
& les Sèches , qui les y pourſui-
vent en foule; au moins y en pê-
che-t-on beaucoup. Les deux cotés
de ce Canal ſont ſoutenus, & écartés
l'un de l'autre par deux Cartilages
* parallèles & cylindriques , (*b*) qui
s'étendent aſſez conſiderablement au-
deſſous. Le reſervoir, qui contient la
li-

* PL. II.
C C.

(*b*) Ces deux Cartilages ſe trouvent auſſi
dans la Sèche, où ſuivant la conjecture de
Swammerdam, ce ſont deux Muſcles, qui,
outre l'uſage que nôtre Auteur leur attribue
ici, ſervent encore à mouvoir deux Mammelons, qui ſont dans l'enveloppe extérieure
du Poiſſon, & qui s'emboitent dans deux
cavités, qui ſe voient aux côtés de l'Entonnoir. Ces cavités ſont auſſi vraiſemblablement dans le Calmar, & il ſemble que Mr.
Needham les a voulu indiquer PL. II. là où
j'ai mis les Lettres *b b*; quant aux Mammelons peut-être en voit-on quelque trace
en *a a*; s'ils ſe trouvent réellement dans le
Calmar, la conjecture de Swammerdam, ne
ſeroit elle point auſſi applicable ici? R. d. T.

liqueur noire * , eſt placé entre ces * PL. II. D
Cartilages, (c) de façon que ſon cou
pénètre & s'ouvre dans le Canal, que
je viens de décrire. Quant à cette
liqueur même, tout ce que j'en puis
dire, c'eſt que ſi on l'expoſe en plein
air , en la forçant à ſortir du reſervoir , ou en ôtant ce reſervoir du
Corps du Poiſſon , auſſi-tôt elle ſe
condenſe & devient une ſubſtance
dure & fragile , ſemblable à du char-
bon de bois ; on peut la diſſoudre
aiſément dans l'Eau.

Examinant un jour quelques Calmars, vers le milieu de Décembre,
je remarquai près de la racine de ce
reſervoir, deux taches ovales * , qui * PL. II. E E.
avoient environ un quart de pouce
en diamètre, & qui ſembloient être
des Sacs membraneux, remplis d'une
ſubſtance gluante, où étoit contenu
le frai de l'Animal. Ce frai ne pa-
rois-

(c) La partie marquée D dans la Planche,
paroit moins être le Reſervoir de la liqueur
noire , que ſon conduit excrétoire. Au
moins dans la Sèche ce Reſervoir eſt-il ſitué
dans la Région inférieure du ventre de l'A-
nimal. R. d. T.

roiſſoit être à la vue ſimple qu'un
compoſé de petites taches d'une belle
couleur de cramoiſi ; mais en l'examinant au Microſcope, on y diſtinguoit
des oeufs très diférens les uns des autres
en grandeur & en figure ; particularité que je ne crois pas avoir été obſervée juſqu'à preſent dans le frai des
autres Poiſſons, dont les oeufs ſont
toujours parfaitement ſemblables. Ces
oeufs du Calmar étoient tous oblongs,
mais quelques uns étoient plus de trois
fois plus longs que les autres ; j'ai cru
remarquer à l'une de leurs extrémités
quelques veſtiges confus de Rayons ou
de Bras, comme ſi l'Animal commen-
çoit déja à y prendre la forme qu'il
doit avoir ; mais ils étoient ſi peu di-
ſtincts, qu'il n'y a aucun fond à faire
ſur cette particularité. Dans une femelle, que j'ai obſervée enſuite, ces
deux Membranes ovales étoient ſi
fort augmentées en Diamètre, &
s'étendoient tellement en tout ſens
vers l'ouverture du conduit, par où
paſſe la liqueur noire, qu'elles étoient
adhérentes par plus des deux tiers
de leur longueur au reſervoir de cet-

te

te liqueur. Peut-être devoient elles encore s'étendre davantage, avant que le frai fût en état d'être dépofé hors du Corps. Mais avant que de rien déterminer là-deſſus, il faut attendre qu'on ait des obſervations plus pouſſées.

Je reviens à l'objet que j'ai devant moi, en écrivant ceci, & duquel on a tiré la figure de la Planche II. Au deſſus du cartilage gauche, qui fert à foutenir & à étendre le conduit par où paſſe la liqueur noire, on voit deux tubes creux *, fortement ad- ^{* PL. II.} hérens l'un à l'autre, quoique leurs ^{F F.} cavités foient féparées. Je ne faurois dire de quel uſage ils peuvent être, à moins qu'ils ne fervent à donner iſſue au frai, lorsqu'il eſt prêt à fortir. Ce que je fais furement, c'eſt qu'il y a dans le corps du Calmar male deux Vaiſſeaux de la même nature, & fitués de la même manière, par où l'Animal fait fortir fa laite (*d*).

De

____

(*d*) Ces deux Vaiſſeaux fe trouvent auſſi dans le male de la Sèche, mais fuivant Swammerdam la femelle n'en a qu'un, fitué aſſez

près

De chaque côté, & un peu au-
deſſous des deux Cartilages, eſt un
* PL. II. aſſemblage de Vaiſſeaux * entremélés
G G. & diſperſés dans une ſubſtance graſſe
& huileuſe ; ils paroiſſent remplis
d'une matière noire & opaque ; ce
qui m'a fait ſoupçonner qu'ils pour-
roient bien être les Vaiſſeaux où ſe
forme la liqueur noire (*e*).   Mais ce
n'eſt là qu'une conjecture.

Entre ces deux aſſemblages de
Vaiſſeaux, il y a une couche de
* PL. II. graiſſe * blanchâtre, qui couvre l'es-
H. tomac.   Celui-ci eſt un petit ſac,
fait d'une membrane transparente,
& qui reſſemble à une Veſſie : il a
deux pouces en longueur, & un en
largeur ; ſon extrèmité ſupérieure
ſe termine en un long canal, qui a un
dixième de pouce en largeur, &
qui monte juſqu'à la tête de l'Animal,
où

près de l'Inteſtin *Rectum.* Peut-être que cet
Inteſtin eſt un de ces Tubes dont parle ici
nôtre Auteur R. d. T.

(*e*) On voit dans la Sèche deux pareils aſſemblages de Vaiſſeaux, ſitués de la même
manière & qui ſont les ouïes du Poiſſon. Ne
feroit-ce point le même Organe du Calmar,
que nôtre Auteur décrit ici ? R. d. T.

où il se joint avec le gosier. Au dedans est renfermé un autre canal, qui, vu au Microscope, paroit être composé de fibres longitudinales, & qui est susceptible d'une dilatation & d'une extension très considerable ; car après l'avoir allongé deux fois plus qu'il ne l'est naturellement, de sorte que son diamètre ne surpassoit pas celui d'un cheveu, j'en coupai une petite portion, que je mis dans une goute d'Eau, & je la dilatai tellement avec deux instrumens pointus, que son diamètre devint dix fois plus grand : il ne s'ouvre point dans l'estomac, mais il s'insère dans le Canal qui l'environne extérieurement, environ à la sixième partie de sa hauteur, & de là il monte, passe au delà de la racine du Bec à laquelle il est adhérent, & va s'attacher, par des ligamens, presque imperceptibles, à peu près au milieu de la langue & du gosier, & se perd ensuite dans le Corps de l'Animal.

Enfin la partie inférieure est couverte d'une Membrane* fine & trans- *PL. II. I. parente, qui se joint à l'extrémité de
l'é-

l'étui, & deſſous laquelle il y a une Vesſie, qui contient uneEau claire & limpide, mais dont je ne ſaurois dire l'uſage.

CHAPITRE V.

Des Vaiſſeaux, qui contiennent la laite dans le Calmar male, tels qu'on les découvre avec le Microſcope.

Vers le milieu de Décembre j'ai découvert pour la première fois quelqu'apparence de laite, ou quelque commencement des Vaiſſeaux, où elle eſt renfermée. Avant ce tems j'avois examiné & diſſequé pluſieurs Calmars, mais ſans remarquer aucun veſtige de laite dans les males, ou de frai dans les femelles. J'avois bien vu quelque tems auparavant les deux conduits, par où ſe fait l'ejection des Vaiſſeaux laiteux ; mais alors ces conduits ne paroiſſoient être que deux tubes, placés à côté l'un de l'autre, ouverts à une de leurs extrémités, & fort reſſemblans aux parties féminines de la génération

dans

dans les Limaçons : ils ne ſe terminoient point en un long reſervoir o-
vale, étendu parallèlement à l'eſtomac, & occupant plus de la moitié
de la longueur du Poiſſon ; comme
je trouvai enſuite qu'ils ſe terminoient,
lorsque la laite, dont ils étoient remplis, avoit le dégré de maturité néceſſaire pour être dépoſée hors du
Corps. Je ne pouvois donc pas alors
porter un jugement plus déciſif ſur
leur uſage, & cela d'autant plus que
ces mêmes conduits, ſans le reſervoir ovale, ſe trouvent dans la femelle, où ils ſervent peut-être à
donner paſſage au frai.

C'eſt une choſe remarquable, que le
Reſervoir & les Vaiſſeaux, qui contiennent la laite, ſe forment d'eux mêmes inſenſiblement. Ces derniers *₂* PL. III₂
en ſe développant, ſe rangent par pa- Fig. 6₂
quets, plus ou moins éloignés des conduits déferens, ſuivant qu'ils doivent
ſortir du Corps plus ou moins prom-
tement ; & ils ſont diſposés de façon, que, quoiqu'ils n'aient pas tous
la même direction, ils ne ſauroient
être

être dérangés ou mêlés par aucune preſſion ordinaire.

Comme j'avois obſervé ces Animaux pendant quelques mois, avant de remarquer aucune apparence de laite, je fus fort ſurpris de trouver ce nouveau Reſervoir, qui ſe formoit de ſoi-même dans un endroit aſſez viſible, & qui étoit rempli d'un ſuc laiteux. Il me paroiſſoit fort étrange, que parmi le grand nombre de Calmars, que j'avois diſſequé, je n'euſſe trouvé aucun male ; cela m'auroit preſque fait douter, que leur multiplication reſſemblât à celle des autres Poiſſons, ſi, dans la ſuite de mes obſervations, le haſard ne m'avoit pas fait remarquer les progrés réguliers de l'expanſion du Reſervoir, & la formation des Vaiſſeaux laiteux.

Avant que ces Vaiſſeaux ſoient entièrement formés, la ſemence eſt répandue dans la partie du Reſervoir, qui s'eſt déja developpée ; & avec les Verres, qui groſſiſſent le plus, on n'y diſtingue que de petits globules opaques, qui nagent dans une eſpèce

de

de matière fereufe , fans donner aucun figne de vie. La première fois
que je fis cette découverte , je ne
foupçonnois guères , qu'il fe formât
un nouvel appareil de Vaiffeaux ,
(a) deftinés à recevoir la femence ;
ainfi je fus fort furpris de trouver en
diférents endroits du Refervoir des
petits Refforts , * faits en fpirale , & * PL. III.
renfermés dans un étui cartilagineux Fig. 7, &c
& tranfparent ; je ne pouvois pas
concevoir quel étoit leur ufage. Ils
me parurent dabord auffi parfaits ,
qu'ils m'ont paru dans la fuite, avec
cette feule diférence, c'est que quand
ils

(a) Swammerdam a déja vu des Vaiffeaux,
pareils à ceux-ci, dans la Sèche : il les a bien
décrits , & il en a donné une figure affez exacte ; il a même vu leur mouvement, & leur
action ; & judicieux, comme il étoit, il a
conjecturé, qu'ils pouvoient avoir le même
ufage qui leur est attribué ici. Voiez *Biblia
Naturæ.* p. 896. Cependant le mérite de
cette intéreffante découverte est auffi dû à
Mr. Needham ; car je fai que, quand il a publié cet Ouvrage, il n'avoit point lu la dis-
fertation de Swammerdam fur la Sèche ; &
d'ailleurs il a décrit beaucoup mieux que lui
l'organifation & l'action des Vaiffeaux dont
il s'agit ici. R. d. T.

ils ont acquis toute leur maturité, les tours de leurs spirales s'approchent davantage, & les font ressembler à une vis ; au lieu que, quand ils ne sont pas si avancés, les pas de la vis sont plus distants, & on les prendroit pour un fil tordu assez grossièrement en spirale. Ces Ressorts paroissent, avant qu'on découvre aucun vestige de quelque autre partie. Ils sont donc la première chose, qui se forme ici.

Dans un Calmar male, que j'examinai quelque tems après, le Ressort spiral étoit parfait, & s'opposoit à l'action de la partie inférieure avec toute la force qu'il devoit avoir. Les Vaisseaux laiteux étoient à peu près achevés ; mais, comme ils n'avoient pas cependant encore tout le dégré de maturité nécessaire, ils n'agissoient pas comme ils auroient agi, s'il ne leur avoit rien manqué. Toute leur action se terminoit constamment à rompre leur vis, où elle est jointe avec une espèce de suçoir ou piston, qui est reçu dans une coupe ou barillet, adhérent à une autre partie, dont il sera parlé dans le moment. Cette rupture ar-
ri-

rive cependant quelques fois par accident dans ceux qui paroiſſent d'ailleurs entièrement finis, & dont l'o-
pération aboutit ordinairement à ce
que le piſton eſt tiré hors du barillet.

Au fond de l'étui des Vaiſſeaux
laiteux de ce Calmar, j'ai découvert
diſtinctement une valvule, qui s'ou-
vroit en dehors, & par laquelle
j'ai fait ſortir ſouvent, par une legè-
re preſſion, la moitié de l'appareil intérieur, pendant qu'une autre valvule donnoit paſſage à la ſemence.
Je conçois que c'eſt par ces valvu-
les que la ſemence eſt attirée dans
l'intérieur de l'étui, & eſt abſorbée par
une ſubſtance ſpongieuſe * qui s'y
trouve, d'où elle eſt exprimée enſuite par l'action que je décrirai bien-
tôt. Car dans ce Calmar la ſemence
n'étoit point répandue dans la capacité du Reſervoir, comme dans le
précédent; mais elle avoit été comme ſuccée par tous ces petits Vaiſſeaux laiteux, qui étoient déjà formés, & dont le nombre pouvoit aller à pluſieurs centaines.

* PL. III.
Fig. 7. &c.

C

Dans

Dans un troiſième Calmar, qui é-
toit le plus grand que j'aie vu durant
le cours de mes Obſervations, les
Vaiſſeaux laiteux me parurent parfaits, & ſi murs pour l'action, que
pluſieurs s'ouvroient d'eux mêmes,
avant que j'euſſe le tems de les placer au foïer de mon Microſcope.
C'eſt d'après eux que j'ai fait tirer les
figures 6. 7. 8. 9. de la Planche III.
que je prie le Lecteur de vouloir bien
conſulter dans toute la ſuite de cette
Deſcription.

L'étui extérieur eſt transparent,
cartilagineux, & élaſtique; ſon extrémité ſupérieure eſt terminée par
une tête arrondie, qui n'eſt autre
choſe que le ſommet même de l'é-
tui, contourné de façon qu'il ferme
l'ouverture, par où l'appareil intérieur
s'échappe dans le tems de ſon action.

Au dedans eſt renfermé un tube
transparent, qui eſt élaſtique en tout
ſens, comme il eſt aiſé de s'en
convaincre par les phénomènes qu'il
offre. Ce tube fait éfort pour pas-
ſer par les ouvertures qu'il trouve.
Quoiqu'il ne ſoit pas par-tout éga-
le-

lement vifible, diverfes Expériences prouvent cependant qu'il renferme la vis, le pifton, le barillet,
& la fubftance fpongieufe, qui s'im-
bibe de la femence. La vis *a b* * en
occupe le haut, & fait fortir au delà
de fa partie fupérieure deux petits ligamens, par lesquels elle eft adhérente, auffi-bien que tout le refte de
l'appareil, auquel elle eft jointe, au
fommet de l'étui extérieur. Le pifton *b* & le barillet *c* font placés au
milieu de ce tube; la fubftance fpongieufe *d e* dilate fa partie inférieure,
& eft jointe au barillet, par une
efpèce de ligament *d c*. Tout cela fe
comprendra aifément par l'infpection
de la figure.

Je vai expofer à prefent les diférens phénomènes qu'on obferve dans
l'action de ces petites Machines. Ils
m'ont paru fi furprenants & fi inex-
plicables, que je ne me fens point
en état de repondre à toutes les conféquences contradictoires, qui femble-
ront peut-être découler des faits que
je rapporterai. Tout ce que je pretend & que je puis affurer ici, c'eft

* PLAN-
CHE III.
Fig. 7.

que ces faits sont vrais à la lettre, & que plusieurs personnes les ont vus aussi bien que moi.

Je conserve dans de l'esprit de vin quelques uns de ces Vaisseaux laiteux, qui y ont retenu leur activité pendant plus de vingts jours, sans aucune diminution sensible; à present ils l'ont entièrement perduë, quoique leur forme extérieure ne paroisse avoir souffert aucun changement, lorsqu'on les examine avec le Microscope. Si donc l'on veut vérifier les faits dont je parle, il faut avoir ces Vaisseaux lorsqu'ils sont encore frais, & qu'ils ont acquis toute leur maturité; s'ils ne sont pas tout-à-fait murs, ils feront bien voir la plus grande partie des phénomènes en question, mais non pas tous.

CHA-

CHAPITRE VI.

Des Phénomènes qu'offre l'action des Vais-
seaux laiteux du Calmar.

Plusieurs de ces Vaisseaux parvenus à leur maturité, & debaras-
sés de cette matière gluante, qui les
environne pendant qu'ils sont dans le
Reservoir de la Laite, agissent dans
le moment qu'ils sont en plein air ;
& peut-être que la légère pression,
qu'ils souffrent en sortant, suffit pour
les déterminer à cela. Cependant la
plus-part peuvent être placés commodement pour être vus au Microscope, avant que leur action commence ; & même pour qu'elle s'exé-
cute, il faut humecter avec une
goute d'eau l'extrémité supérieure
de l'étui extérieur, qui commence
alors à se développer pendant que les
deux petits ligamens, qui sortent
hors de l'étui, se contournent &
s'entortillent en diférentes façons. En
même tems la vis monte lentement,

C 3

les

les volutes qui font à fon bout fupé-
rieur fe rapprochent & agiffent contre le fommet de l'étui ; cependant
celles qui font plus bas avancent auffi,
& femblent être continuellement fuivies par d'autres, qui fortent du pifton ; je dis qu'elles femblent être fuivies, parce que je ne crois pas qu'elles le foient éfectivement : ce n'eft
qu'une fimple apparence produite
par la nature du mouvement de la
vis. Le pifton & le barillet fe meuvent auffi fuivant la même direction;
& la partie inférieure, qui contient
la femence, s'étend en longueur, &
fe meut en même tems vers le haut
de l'étui, ce qu'on remarque par le
vuide qu'elle laiffe au fond. Dès que
la vis, avec le tube dans lequel elle
eft renfermée, commence à paroitre
hors de l'étui, elle fe plie parce-
qu'elle eft retenue par fes deux ligamens ; & cependant tout l'appareil
intérieur continue à fe mouvoir lentement, & par dégrés, jusqu'à ce que
la vis, le pifton & le barillet foient
entièrement fortis : quand cela eft
fait, tout le refte faute dehors en

un

un moment; le piston * se sépare du
barillet *; le ligament apparent, qui *
est au-dessous de ce dernier, se gonfle,
& acquiert un diamètre égal à celui de la partie spongieuse qui le suit.
Celle-ci quoique beaucoup plus large
que dans l'étui, devient encore cinq
fois plus longue qu'auparavant; le
tube qui renferme le tout s'étrécit
dans son milieu, & forme ainsi deux
espèces de nœuds *, distants environ *
d'un tiers de sa longueur de chacune
de ses extrémités. Ensuite la semence s'écoule par le barillet *, & elle *
est composée de petits globules opaques, qui nagent dans une matière
séreuse, sans donner aucun signe de
vie, & qui sont précisément tels que
j'ai dit les avoir vus, lorsqu'ils é-
toient repandus dans le Reservoir de
la Laite. Dans la figure la partie
* comprise entre les deux nœuds paroit être frangée; quand on l'examine avec attention on trouve que ce
qui la fait paroitre telle, c'est que la
substance spongieuse, qui est en dedans du tube est rompue & separée
en parcelles à peu près égales. Les

PL. III.
Fig. 8. *b*
c.

PL. III.
Fig. 8. & 9.
d & *e.*

PL. III.
Fig. 8. *c.*

* *d* *e*

C 4 Phé-

Phénomènes fuivants prouveront cela clairement. -

Quelques fois il arrive que la vis,
& le tube, fe rompent précifement
au-deffus du pifton *, lequel refte
dans le barillet, *. Alors le tube
fe ferme en un moment, & prend
une figure conique, en fe contractant
autant qu'il eft poffible par deffus
l'extrémité de la vis, *. Cela dé-
montre qu'il eft très élaftique dans
cet endroit ; & la manière dont il
s'accomode à la figure de la fubftance
qu'il renferme, lorsque celle-ci fouf-
fre le moindre changement, prouve
qu'il l'eft également par tout ailleurs.

Au premier coup d'œil on feroit
porté à croire, que l'action de toute
cette Machine eft due au reffort de
la vis. Cependant les Expériences
fuivantes, que j'ai faites dans la vue
de me fatisfaire fur cet article, ne
prouvent pas feulement la fauffeté
de cette opinion, en faifant voir
que la vis né peut faire autre chofe que refifter à une force cachée,
qui agit fur elle ; mais elles nous
offrent encore une fuite de Phéno-
mè-

mènes fi furprenants, qu'ils ont fait évanouir toutes les hypothèfes que j'avois imaginées. Ces Expériences ont été faites avec des Vaiffeaux laiteux, qui n'avoient pas acquis toute la maturité néceffaire pour la féparation du pifton, la dilatation du ligament apparent, qui eft au-deffous du barillet, & l'expreffion de la femence ; mais qui avoient cependant toute la force requife pour faire fortir l'appareil intérieur hors de l'étui. Ces Vaiffeaux pouvoient répondre auffi parfaitement à mon but que ceux qui étoient entièrement murs, & ils ont reparé la perte que j'ai faite d'un petit nombre de ces derniers, qui étoient les feuls que j'euffe trouvé propres à mon deffein, durant le cours de mes recherches, & que j'avois mis à part pour les obferver.

Pour qu'on pût aifément diftinguer ces Vaiffeaux les uns d'avec les autres, j'ai fait repréfenter ceux qui ont atteint leur maturité dans la Planche III. fig, 6. 7. 8. & 9., & ceux qui n'y font pas encore parvenus dans la Planche IV. La figure 1. de cette

der-

dernière Planche * en fait voir un, tel qu'il est après qu'on en a fait fortir tout l'appareil intérieur , en appliquant fimplement de l'eau à la tête de l'étui extérieur.

** PL. IV. Fig. 1.*

Si l'on divife un Vaiffeau laiteux précifément au-deffous du barillet *, la fubftance fpongieufe * qui contient la femence , fe dilate au moment méme ; & quoiqu'elle ne forte pas d'abord entièrement, comme cela lui arrive, lorsqu'elle n'eft pas féparée du refte de l'appareil, fi cependant on l'humecte avec une goute d'eau, elle fe meut lentement & par dégrés, jufqu'à ce qu'elle foit presque tout-à-fait hors de l'étui.

** PL. IV. Fig. 2. a. * b.*

Si l'on coupe l'extrémité inférieure de l'étui *, le ligament apparent, qui eft au-deffous du barillet, s'allonge, devient prodigieufement mince, & enfin fe rompt, fans caufer aucun dérangement dans la vis, ni dans le refte de l'appareil qui eft au-deffus: & cependant la fubftance fpongieufe fort par l'ouverture, qui a été faite.

** PL. IV. Fig. 3. a. b.*

J'ai vu une fois ce ligament * fe rompre & frapper avec une telle force ce

** PL. IV. Fig. 4. a.*

ce contre les parois de l'étui cartilagineux, qui le renfermoit, qu'il s'ou-
vrit un paſſage au travers, & y ren-
trat enſuite en ſe tortillant. Pour expliquer la choſe, il faut ſuppoſer que ce
ligament eſt fort élaſtique, & lui at-
tribuer dans cette occaſion une force,
analogue en quelque façon à celle
d'un fil de ſoie, qui perce une feuille
de papier aſſez épais, lorsqu'après
l'avoir tenu tendu, on le lache tout
d'un coup, en lui donnant une certaine direction par un tour de main
particulier.

Si l'on coupe un Vaiſſeau laiteux
au-deſſus & au-deſſous de la ſubſtance
ſpongieuſe *, celle-ci ſort par l'une & * PL. IV. Fig. 5. *a* & *b*
l'autre extrémité, mais comme elle
s'étend également des deux cotés, une
force détruit l'autre, & ainſi elle
reſte dans l'étui, avec cette diférence, c'eſt qu'elle rend plus viſible le
tube qui la renferme, parce qu'elle
ſe ſépare * dans quelques unes de * *c*, *d*, *e*, *f*.
ſes diviſions. Par ces diviſions j'en-
tend des eſpèces d'anneaux, qui la
coupent dans toute ſa longueur, &
qui reſſemblent à ceux d'un Vers,

C 6   quoi-

quoiqu'ils ne paroissent pas si réguliers, lorsqu'on les regarde avec le
Verre qui grossit le plus dans un Microscope double; mais vus avec le
Verre, marqué N°. 3, dont on s'est
servi pour dessiner toutes ces figures, ils semblent avoir plus de ré-
gularité; ce sont ces franges dont j'ai
déja parlé. J'ai compté quelques fois
neuf de ces séparations, quoique je
n'en aie fait représenter ici que quatre, parce qu'il n'y a rien de con-
stant à cet égard.

Si l'on fait une petite ouverture,
avec une lancette, au coté de l'étui
extérieur, aussi-tôt la substance spongieuse s'y insinue, & sort en se pliant
en double *.

* PL. IV.
Fig. 6. *a. b.*

Il faut remarquer que dès que la
vis est séparée du reste, elle cesse
d'agir, & perd entièrement toute son
activité, ce qui prouve manifeste-
ment que toute la force d'un de ces
Vaisseaux laiteux est due à l'action
de la partie inférieure.

J'ai déja dit que pour l'ordinaire
les Vaisseaux laiteux devoient être
humectés d'eau pour agir; cependant

dant ils agiſſent quelques fois ſans cela, & même au lieu d'eau on peut
emploier de l'eſprit de vin ; mais a-
lors l'éfet eſt beaucoup plus lent, &
la partie inférieure ne ſaute point
hors de l'étui tout d'un coup, comme cela arrive quand l'action eſt régulière ; & encore ce que je dis ici
ne doit-il s'entendre que d'un ſeul
Vaiſſeau placé pour être vu par le
Microſcope ; car ſi l'on plonge le Reſervoir entier dans l'eſprit de vin ,
tout le changement qui arrive alors
ſe reduit à ce que la partie inférieure
des Vaiſſeaux s'allonge, & s'éloigne
tant ſoit peu du fond de l'étui extérieur. L'huile , quoique plus propre qu'aucune autre liqueur à amol-
lir & à rendre gliſſant , ne produit
abſolument ici aucun éfet.

En faiſant la recapitulation de ces
diférens Phénomènes, & en les comparant enſemble, il m'eſt venu dans
l'eſprit d'examiner pourquoi le ligament apparent, qui eſt entre le barillet & la partie ſpongieuſe , ne ſe
plie point lorsque celle-ci agit régulièrement ſur tout l'appareil, qui eſt

C 7

au-

au - dessus : pourquoi alors tout le
vuide qui est autour de ce ligament
ne se remplit point, & pourquoi enfin cette même partie spongieuse,
qui s'ouvre un passage, par la plus
petite ouverture qui se presente, laisse un espace vuide au fond de l'étui?
Pour m'éclaircir là - dessus, j'ai mis
successivement plusieurs Vaisseaux
laiteux, sous un petit Récipient,
d'où j'ai tiré l'air avec tout le soin
possible. Je m'imaginois que dans
chacun de ces espaces vuides, il y
avoit un volume d'air condensé.
Mais je fus fort surpris de ne voir
arriver aucun changement dans les
Vaisseaux sur lesquels je fis cette Expérience. Après que je les eus oté
de dessous le Récipient, vus au Microscope ils me parurent les mêmes
qu'auparavant ; & quand je les hu-
mectai d'eau, je ne remarquai pas
que leur action s'opérat avec une
force moindre, que celle que m'a-
voient fait voir ceux qui n'avoient
point été dans le vuide.

Si j'avois vu les Animalcules qu'on
pretend être dans la semence d'un
Ani-

Animal vivant, peut-être ferois-je en état de déterminer avec quelque certitude, fi ce font réellement des Créatures vivantes, ou fimplement des Machines prodigieufement petites, & qui font en mignature, ce que les Vaiffeaux laiteux du Calmar font en grand. A en juger par le calcul que Mr. Leeuwenhoek a fait du nombre & de la grandeur des Animalcules, qui font dans la femence du Cabiliau, un million de ces Animalcules égaleroit à peine un feul de ces Vaiffeaux laiteux; par conféquent quand on peut voir avec le Microfcope 25 de ceux-ci à la fois, on pourroit voir 1962 5000 de ceux-là (*a*). Dans la fuppofition donc que ces Animalcules ne font autre chofe que des Machines, dont le jeu s'opère en diférens tems & en diférentes circonftances, fuivant que

les

(*a*) Je foupçonne ici une faute d'impreffion dans l'Original. Car fi un Million de ces oeufs égalent à peine un feul de ces Vaiffeaux laiteux; là où l'on peut voir 25 de ceux-ci, on découvrira 25 millions de ceux-là. R. d. T.

les obstacles, qui s'opposent à leur action sont levés plus ou moins vite:
dans cette supposition, dis-je, concevons que parmi ce grand nombre
il y en a dix mille, qui agissent & se
développent en même tems, ils suf-
firont au milieu d'une telle confu-
sion pour nous déterminer à croire
que tous vivent: concevons de plus
que leur action, de même que celle
des Vaisseaux laiteux, dure environ
trentes secondes : alors comme il y
aura une succession de ces actions,
tout le mouvement ne sera pas fini
dans l'espace de seize heures, & les
pretendus Animalcules paroitront
mourir successivement; aussi est-ce là
ce qu'on voit quand on continue d'observer long-tems la même portion de
semence ; & même les Animalcules
qui y sont paroissent mourir en moins
de tems. Si cette supposition n'est
pas vraie, on aura de la peine à dire
pour quelle raison on ne voit pas
aussi-bien des Animalcules dans la
Laite du Calmar, que dans la semence des autres Animaux ; lors même
qu'on examine cette Laite immédia-
te-

tement après qu'on vient de la tirer
du Corps du Poiſſon vivant (*b*).

Pour

(*b*) Ce que Mr. Needham dit ici ſur l'analogie, qu'il y a ſuivant lui entre les Vaiſſeaux
laiteux du Calmar, & les Animaux ſpermatiques, eſt très ingénieux. Cependant c'eſt
là une de ces choſes ſur lesquelles il ne faut
pas prononcer définitivement avant que d'a-
voir vu les objets dont il s'agit. Quiconque
a examiné attentivement les Animaux ſpermatiques, aura de la peine à ſe perſuader
que ce ne ſont que de pures machines. La
rapidité de leur mouvement, le ſoin avec lequel ils s'évitent les uns les autres, ſoit en
ſe détournant, ſoit en s'enfonçant dans la
matière dans laquelle ils nagent ; leur figure ;
tout en un mot nous autoriſe à les ranger
dans la claſſe des Animaux. Les Vaiſſeaux
laiteux ont à la vérité du mouvement, mais
qui difère beaucoup de celui de ces Animalcules, autant au moins que je puis en juger par
la deſcription que nous en donne notre Auteur ; car je n'ai jamais vu ces Vaiſſeaux. Et
comme lui de ſon coté n'a pas vu les Animalcules ; nous devons attendre l'un &
l'autre qu'un troiſième, qui aura examiné attentivement ces deux objets, nous apprenne
ce qu'il en faut penſer. La choſe eſt aſſez
intereſſante pour que d'habiles obſervateurs
s'appliquent à cet examen. Notre Auteur
y réuſſira peut-être mieux que qui que ce
ſoit, s'il continue à s'appliquer à l'Hiſtoire
naturelle ; il a toute la ſagacité néceſſaire
dans les obſervations, & en même tems toute

Pour donner plus de force à ce que je dis ici, ajoutons encore cette conſideration, c'eſt que quand les Vaiſſeaux laiteux reſtent dans le Corps du Calmar, ſans être expoſés à l'Air, ils retiennent leur activité encore quelque-tems après la mort de l'Animal ; car ſi au bout de quelques jours on les en tire, on les voit operer avec la même force dès qu'on les humecte d'eau, ſoit que celle-ci agiſſe ſur eux comme un menſtrue, ſoit qu'elle écarte ſimplement les obſtacles, qui s'oppoſent à leur action. Enfin pour mieux ſentir la juſteſſe de la comparaiſon que je fais ici, il faut voir ſoi-même par le Microſcope, les inflexions variées de ces Vaiſſeaux, leurs tournoiemens, leurs dilatations, leurs extenſions, & leurs divers mouvemens, durant le tems de leur opération. Cependant je repète ce que j'ai déjà inſinué ci-devant: c'eſt que je ne me reconnois point

te la prudence dont on a beſoin pour ne pas donner inconſiderément dans des ſyſtèmes peu fondés. R. d. T.

point ici pour un juge competent ;
je ne fais que propofer ma penfée
en forme de queftion, dans l'efpe-
rance qué des Naturaliftes, plus ac-
coutumés que moi à faire ufage du
Microfcope, & plus propres par là
même à tirer des conféquences fures
de leurs obfervations, voudront bien
lever mes difficultés.

CHAPITRE VII.

Sur la Poussière qui féconde les Plantes.

Ce que j'ai avancé fur la fin du
Chapitre précédent, touchant
l'analogie qu'il y a entre les Vais-
feaux laiteux du Calmar, & les prétendus Animalcules qui fe voient
dans la femence des Animaux males,
peut paffer, ce me femble, pour
quelque chofé de plus qu'un foupçon
ou qu'une fimple poffibilité, fi l'on
examine attentivement les obfervations de Mr. Leeuwenhoek. Ce que
cet Auteur dit de la manière dont

quel-

quelques-uns de ces Animalcules se rompent (*a*) ou se developpent; ou sur celle dont d'autres changent (*b*) de figure, lorsqu'ils semblent être

(*a*) „ J'ai pris, dit cet Auteur en parlant de la semence du Cabiliau" ces particules „ ovales, pour des cadavres d'Animalcules „ crevés & distendus, parce qu'elles parois- „ soient quatre fois plus grandes que les „ Corps des Animalcules vivants. Dans „ d'autres endroits, où il y avoit plusieurs „ de ces Animalcules près les uns des au- „ tres, on en voioit un grand nombre, qui „ ressembloient à une sphère transparente, „ & qui étoient comme environnés d'une „ autre sphère; on auroit dit que la sphère „ transparente étoit renfermée dans l'Ani- „ malcule, & que celui-ci étoit enveloppé „ dans une matière aqueuse, mais qui avoit „ cependant quelque viscosité, & qui étoit „ elle-même entourée d'une membrane. Cet- „ te membrane venant à se rompre, la sphère „ intérieure, & la matière qui étoit autour, „ devenoient visibles. *Leeuwenhoek Conti-* „ *nuatio Arcanorum Naturæ.* p. 306.

(*b*) En parlant des Animalcules qui sont dans la semence du Chien, le même Auteur dit „ J'ai souvent remarqué qu'ils changent „ de figure, sur-tout quand la liqueur dans „ laquelle ils vivent & ils nagent s'évapore. „ De tant de milliers d'Animalcules, dit-il dans un autre endroit", que j'ai tiré des „ testicules du Belier, & que j'ai séparé les „ uns

être morts, ou enfin fur leur mouvement progreffif, qui ne s'étend pas au delà de l'épaiffeur d'un cheveu (*c*) ; tout cela, dis-je, confidéré foigneufement, avec les confequences, qui en découlent, paroit confirmer ma penfée; fur-tout fi l'on fait reflexion, que ces changemens dépendent d'un mécanisme intérieur & caché, & non de l'extrème délicateffe de ces Animaux, comme Mr. Leeuwenhoek l'a foupçonné. Car ce qu'il dit, que les Corps de ces Animaux placés fur une lame de verre, fe font confervés pendant cinq mois entiers (*d*), prouve que leur enveloppe extérieure eft fort durable,

„ uns des autres, & dont la plus-part font „ encore chez moi, je n'en ai jamais pu „ voir aucun qui fe foit rompu; mais j'en ai „ trouvé fouvent dont le Corps s'étoit applati par l'évaporation de la liqueur. *Ibid.* „ *pag.* 309.

(*c*) „ Leur mouvement progreffif ne s'é- „ tend pas au delà de la longueur du dia- „ mètre d'un cheveu. *Id. pag.* 310.

(*d*) „ Il m'eft arrivé de laiffer, pendant „ cinq mois de fuite, des Animalcules de „ la femence de Belier, expofés fur un verre „ au

ble, & que peut-être elle est carti-
lagineuse comme l'étui des Vaisseaux
laiteux du Calmar.

Si ma conjecture se trouve véritable, ce qu'on pourra déterminer a-
vec le tems par des observations plus
exactes, l'analogie entre le Règne
végétal, & le Règne animal, paroitra encore plus grande à cet é-
gard, qu'on ne l'a cru jusqu'à présent. On trouvera une assez grande
ressemblance entre l'action qu'on voit
lorsqu'on humecte d'eau la Poussière,
qui féconde les Plantes, & celle des
Vaisseaux laiteux dont-il a été parlé:
ce qui prouve que les globules de la
première ont été destinés au même
usage que ceux de ces derniers, &
que leur mécanisme se ressemble assez.

C'est

,, au foïer d'un Microscope; & ensuite de
,, frotter légèrement leur Corps avec un
,, pinceau trempé dans de l'eau de pluye,
,, dans l'esperance qu'en emportant leur épi-
,, derme je pourrois y découvrir quelque
,, chose de plus que quand ils étoient en-
,, tiers: mais j'ai été trompé dans mon at-
,, tente. *Id. ibid. pag.* 309.

C'eſt ici une curieuſe particularité d'Hiſtoire naturelle; il y a déjà quelque-tems que je l'ai obſervée, & je ne doute pas qu'elle ne ſoit ſuſceptible de pluſieurs éclairciſſemens, dont on pourra l'enrichir dans la ſuite; ſur-tout ſi l'on parvient à découvrir ſur quelque Plante une Pouſſière, qui ſoit auſſi grande à l'égard de celle qu'on trouve communément, que les Vaiſſeaux laiteux du Calmar le ſont à l'égard des Animalcules ſpermatiques. Alors on ſera en état de faire des obſervations beaucoup plus exactes ſur la nature de cette Pouſſiére, & de voir par ſes propres yeux des choſes ſur leſquelles on ne peut à preſent raiſonner que par conjectures, à cauſe de la petiteſſe des globules dont cette Pouſſière eſt compoſée.

Les Naturaliſtes ne s'accordent pas ſur l'uſage de cette Pouſſière, qui eſt ſur les Etamines des Fleurs. Mr. Tournefort a pris ces Etamines pour une eſpèce de conduits excrétoires, & la Pouſſière, dont elles ſont chargées, pour l'excrément du ſuc deſtiné à la nourriture du jeune fruit. Mais

Mes-

Messieurs Morland, Geoffroy, & autres, attribuent à cette Poussière un usage plus noble, & plus conforme, ce semble, à la vérité; ils la regardent comme la matière, qui féconde la graine, ou le fruit qui est renfermé dans le Pistille; & c'est pour cela qu'on lui donne le nom de Poussière fécondante.

Ce dernier sentiment est fondé sur de très fortes raisons. Cette Poussière se trouve dans toutes sortes de Fleurs sans exception; elle est logée soigneusement dans des capsules, qui sont au sommet des Etamines, tout autour du Pistille; les globules qui composent celle d'une même espèce, ont tous une figure régulière & uniforme; les capsules qui les renferment sont suspendues si délicatement aux sommets des filets qui les soutiennent, que le moindre souffle les met en mouvement; ceux qui s'appliquent à l'agriculture éprouvent constamment, que rien n'est plus nuisible à leurs recoltes que la pluie qui tombe sur leurs blés ou sur leurs arbres, lorsqu'ils sont en fleurs; diverses

ex-

expériences ont appris qu'on privoit
une Plante de fa fécondité, lorsqu'on
coupoit fon Piftile, avant que la graine, qu'il contient, eut été impregnée
de cette Pouffière; dans les Plantes,
qui portent leur Fleur droite, ce Piftile eft plus court que les Etamines, & il eft plus long dans les autres; fon fommet eft garni de diverfes rangées de petits Mammelons,
qui ont chacun une ouverture pro-
portionnée à la grandeur des globules de la Pouffière; il eft fitué comme il faut pour recevoir ces globules; & enfin l'on y découvre des conduits ou trompes très propres à donner paffage à la partie fécondante de
la Pouffière, pour qu'elle parvienne
dans la Matrice ou l'Ovaire de la Plante. Toutes ces confiderations, jointes aux obfervations, qui ont été faites avec le Microfcope fur l'Embryon
de la femence, avant & après fa fécondation, concourent fi éficacement
à établir le fentiment dont il s'agit,
& mettent fous les yeux, d'une manière fi fenfible, l'admirable uniformité que la Nature femble affecter

D dans

dans les moiens, qu'elle emploie pour parvenir aux fins de la même espèce, qu'il y a peu de systèmes où l'on découvre autant de caractères de vérité.

Pour rendre la chose aussi claire que je crois qu'elle peut l'être par les découvertes que j'ai faites, j'ai choisi le Lis commun. J'ai fait représenter * l'appareil contenu dans son calice, savoir les Etamines avec leurs sommets, l'Ovaire & le Pistile. Cette figure est tirée d'après nature, sans l'aide du Microscope. Dans la figure 2. * on voit un des Mammelons du Pistile, qui contient un globule de Poussière, & tel qu'il paroit lorsqu'on le regarde avec le Verre, N°. 3. d'un double Microscope à reflexion. La figure 3. * fait voir une séction transversale de l'Ovaire. La tête du Pistile est composée de trois lobes, qui par leur réunion extérieure forment un angle rentrant obtus, & se rencontrent en un centre commun, en s'appliquant exactement les uns contre les autres sans laisser aucune ouverture entr'eux. Les lèvres de ces lobes sont garnies jusqu'à une

cer-

* PL. v.
Fig. 1.

* PL. v.

* PL. v.

certaine profondeur de Mammelons,
tels que celui que j'ai fait reprefenter
* à part. Ces Mammelons ne font
pas feulement fitués extérieurement;
il y en a auffi intérieurement, comme on le voit fur la tête du Piftile
de la Fig. 1. * dont un des lobes ouvert & féparé des deux autres, lais-
fe paroitre fes Mammelons intérieurs.

 Le Corps du Piftile eft auffi divifé
en trois parties, unies par une membrane extérieure, qui enveloppe le tout.
Cette divifion eft une continuation
de celle qui diftingue la tête en lobes,
avec cette diférence, c'eft que l'ex-
cavation extérieure s'évanouit infenfiblement, pendant que les angles,
par lesquels les lobes fe touchent intérieurement, s'émouffent; ce qui fait
que le Piftile devient peu à peu rond,
& qu'il fe forme dans fon intérieur
un efpace vuide & triangulaire, qui
commence un peu au deffous de la
tête. Chacune de ces parties eft un
faifceau de tubes longitudinaires,
qui font des productions des Mammelons, & qu'on peut diftinguer
dans toute la longueur du Piftile par

* PL. V.
Fig. 2.

* PL. V.

D 2   le

le moien du Microscope ; car en quelque endroit qu'on le coupe transversalement, il paroit percé d'un prodigieux nombre de petits trous. Ces tubes longitudinaires aboutissent & sont concentrés dans la moëlle de l'Ovaire, où ils communiquent avec chaque grain de semence par des petites productions, qu'ils poussent de tous cotés. Cette moëlle est une substance beaucoup plus dense que le Placenta, au milieu duquel elle est située ; quand on la coupe transversalement, & qu'on l'examine au Microscope, elle semble (*e*) n'être autre chose qu'une expansion des tubes du Pistile, répandus dans toute la capacité de l'Ovaire, comme le Placenta,

(*e*) Dans les Fleurs de la Mauve sauvage, qui ont leurs Etamines sur leur Pistile même, on peut suivre à l'oeil nu la continuation des tubes longitudinaires du Pistile, & voir comment ils se concentrent dans la moëlle ; on peut même les séparer les uns des autres, comme les poils d'une brosse, qu'ils égalent en diamètre. Ainsi on peut commodement vérifier, par l'examen de ces Fleurs, ce que je dis ici.

ta, qui environne les cellules, où
font les graines, paroit n'être que
l'expanfion des tubes du Pédicule.

Il fuit de ces obfervations, & de ce
que nous dirons fur l'action de la Pous-
fière des Etamines, que cette Pous-
fière entre dans les Mammelons, &
qu'elle y pénétre auffi avant que leur
cavité conique peut le lui permettre;
mais que quand elle fe trouve arretée,
elle lance une fubftance, qui fertilife
la graine de l'Ovaire, à laquelle elle
peut aifément parvenir, par les tubes qui y aboutiffent. C'eft donc
une erreur de croire, avec quelques
Auteurs, que la cavité qui femble
s'étendre tout le long du Piftile de
certaines Fleurs, eft un canal deftiné
par la Nature à porter cette Pouffière
dans l'Ovaire. Car fans parler de diverfes Fleurs, dont le Piftile, au
lieu d'une telle cavité, n'a qu'un petit enfoncement au milieu du groupe
de fes Mammelons, il eft évident
que dans le Piftile du Lis, dont il s'a-
git ici, les trois lobes font ajuftés de
façon, & les Mammelons tellement
entrelacés dans l'interieur de leurs

lè-

lèvres, qu'il n'est pas possible que la Poussière rende fécondes les graines contenues dans l'Ovaire, autrement que je viens de le dire.

Cependant la structure de ces mêmes Mammelons est encore une plus forte preuve de ce que je dis ici, que leur arrangement sur la tête du Pistile. On peut les voir, tels que je les ai fait représenter *, par le Verre N°. 3. d'un double Microscope à reflexion. Pour cela il en faut détacher quelques uns délicatement avec la pointe d'une lancette, & les placer au foyer du Microscope dans deux ou trois goutes d'eau, & alors, s'ils sont exposés à un jour favorable, on peut distinguer, malgré leur transparence, l'ouverture, & la cavité destinée à recevoir les grains de Poussière; & même, si les sommets des Etamines ont été auparavant appliqués à la tête du Pistile, de façon qu'ils y aient laissé quelque Poussière adhérente par le moien de l'huile qui en sort, ou autrement, il arrive assez souvent qu'on voit des grains de cette Poussière qui sont entrés, dans quelques

uns

* PL. V.
Fig. 2.

uns de ces Mammelons, comme cela eſt repreſenté dans la figure (*f*). J'ai ſouvent fait uſage de cette méthode avec ſuccès.

Si la tête du Piſtile a été humectée auparavant d'eau, peut-être que cette eau n'agit pas ſeulement comme un menſtrue, mais qu'elle ſert encore ici de véhicule, & fait que les globules de Pouſſière s'inſinuent en plus grande quantité dans les Mammelons, que je ne l'ai remarqué.

Ce qui me fait ſoupçonner cela, (*g*)

(*f*) Ce que dit ici notre Auteur m'a engagé à examiner les Piſtiles de diférentes Fleurs, où j'ai toujours trouvé quelque confirmation de ce qu'il avance. Il eſt même aiſé de s'en convaincre ſans enlever un Mammelon, ce qui eſt une opération aſſez délicate : il ſuffit de conſiderer attentivement avec le Microſcope la tête d'un Piſtile, on y découvrira aiſément les Mammelons en queſtion; & on verra à l'ouverture de pluſieurs des grains de pouſſière, dont les uns ſont encore à l'entrée, & les autres plus ou moins enfoncés. La choſe ſera ſur-tout ſenſible ſi l'on choiſit des Fleurs, dont les grains de pouſſière ſoient ovales, parce qu'il eſt plus aiſé de diſtinguer juſqu'à quelle profondeur ils ſont entrés. R. D. T.

(*g*) c'est que voulant examiner si, au moins dans les Plantes qui ne différent que peu en grandeur & à divers autres égards, la Poussière d'une espèce ne pourroit point féconder la graine d'une autre, je coupai les Etamines d'une Fleur, avant que sa graine fut fécondée, & ensuite j'appliquai à son Pistile une grande quantité de la Poussière d'une autre Fleur. L'éfet de cette opération fut que je trouvai que durant l'espace d'une nuit il étoit sorti du Pistile une grande quantité de suc, qui formoit une grosse goute de liqueur j'aune, & qui devoit sa couleur, si je ne mè trompe, à la Poussière que j'y avois appliquée. Les autres Pistiles, de la même espèce,

(*g*) Je dois remarquer ici que ma conjecture n'est pas aussi juste que je l'avois cru dabord ; car aiant dans la suite appliqué une grande quantité de la Poussière du Lis à son propre Pistile, je ne vis point l'éfet dont je parle ici, & que j'avois observé en appliquant à un Lis, la Poussière de la Fleur d'une espèce de Glayeul rouge. Ainsi la chose mérite d'être encore examinée.

pèce, qui n'avoient point été char-
gés de cette Pouſſière, ne ſouffrirent
aucun changement, & reſtèrent parfaitement ſecs.

Il eſt naturel de conclure de ce
qui vient d'être dit, que la Pouſſière
qui tombe ſur la tête des Piſtiles,
ſe diſſout dans les Mammelons, &
qu'il n'y a que ſa partie la plus ſubti-
le, qui pénètre dans les tubes. Il y
a déjà long-tems que Mr. Geoffroy
a ſoupçonné (*b*) cela; je dis qu'il
l'a ſoupçonné, parce qu'en éfet il
n'a propoſé la choſe que comme une
ſimple conjecture. Car juſqu'à preſent l'action de cette Pouſſière, lorſqu'elle eſt humectée d'eau, a échapé
à tous les Obſervateurs; comme cela
paroit par ce que diſent quelques Naturaliſtes, ſavoir que l'eau ne cauſe
aucun changement dans cette Pouſſière. Leur erreur eſt venue de ce
qu'ils n'ont pas été preſents quand
cet-

(*b*) Voiez ſes Obſervations ſur la ſtru-
cture & l'uſage des principales parties des
Fleurs, dans les *Mémoires de l'Acad. Royale
des Sc.* 1711. R. D. T.

cette action a eu lieu ; & cela n'est
pas surprenant, car la pluspart des espèces de Poussière, surtout lors qu'elles ont été cueillies tout récemment,
& qu'elles sont bien mûres, commen-
cent & finissent d'agir dans l'espace
de quatre ou cinq secondes, & pour
qu'on les puisse voir alors, il faut que
le Microscope, auquel on les expose,
soit placé, avant qu'on fasse l'application de l'eau (*i*).

J'ai découvert pour la première
fois

(*i*) Il est même assez difficile de faire
cette application, sur-tout quand on emploie
des verres qui grossissent beaucoup & dont
le foyer par conséquent est fort court: car
alors comme on ne peut guêres appliquer
l'eau, sans regarder à ce qu'on fait, souvent il arrive que l'action des grains de Poussière est finie, avant que l'œil ait eu le
tems de revenir au Microscope. Ce qui
m'a le mieux réussi a été de placer la Poussière, que je voulois voir operer, dans le
fond d'un verre objectif concave, & aprés
que mon Microscope étoit en situation, de
mettre une goute d'eau sur le bord de la
concavité : cette goute descendant lentement, me donnoit tout le tems nécessaire
pour appliquer mon oeil au Microscope,
avant qu'elle eut atteint la poussière. R. D. T.

fois l'action de cette Pouffière dans celle de cette espèce de Lis, qui est connue des Botanistes sous le nom de *Lilium flore reflexo.* Regardant un jour une infusion de cette Pouffière dans l'eau commune, je crus remarquer quelque changement dans les grains dont elle étoit composée ; comme si chacun de ces grains avoit fait sortir par une petite ouverture, de sa coque ou de son étui, une trainée de petits globules *, qui vus au Micro- scope ne paroissoient que des points, enveloppés dans une substance mem- braneuse , à peu près comme les oeufs de quelques Insectes aquati- ques, avec lesquels ils avoient éfecti- vement assez de rapport. Cette par- ticularité auroit déjà du s'offrir à moi longtems auparavant ; car souvent il m'étoit arrivé d'observer des infusions de la Pouffière de différentes Fleurs : mais apparemment je n'avois regar- dé cette substance membraneuse, que comme une matière étrangère, que le hasard avoit placé sous mon Micro- scope, ou qui avoit été apportée avec l'eau ; & je me persuade que la mê-

* PL. V.
Fig. 4. & 5.

D 6　　　me

me chose est arrivée à d'autres a-
vant moi. Quoi qu'il en soit, dès
que j'eus fait cette découverte, je
plaçai dabord de la Poussière fraiche au foyer de mon Microscope,
que je disposai comme il devoit être;
ensuite je mis sur l'objet une petite
goute d'eau avec le bout d'un pinceau; & alors, dans l'espace de
quelques secondes, j'apperçus distinctement une trainée de globules, enveloppés dans une substance membraneuse, & qui étoient dardés hors des
grains de Poussière : ces globules s'a-
gitoient de coté & d'autre, suivant
des directions diférentes, pendant le
tems de l'action, qui ne duroit qu'u-
* PL. V. ne seconde ou deux. Les figures *
Fig. 4. & 5. feront aisément comprendre ce que
je dis ici; il est vrai qu'elles repre-
sentent des grains de Poussière de la
Mauve, mais à cet égard les diverses Poussières difèrent peu les unes
des autres ; leur action en général
ressemble assez à celle d'un Eolipile
violemment échauffé.

J'ai repété ensuite cette Expérience sur un très grand nombre de Poussières

fières diférentes, & toujours avec le
même fuccès. Mais la Poufſière des
Citrouilles eſt celle qui m'a donné le
plus de fatisfaction, non feulement
parce que fes globules étant plus
grands que ceux de plufieurs autres
Fleurs, je pouvois mieux les obferver avec un verre qui ne groffiffoit
pas extrêmement, & dont par conféquent le champ étoit plus étendu;
mais encore parce que je pouvois ap-
percevoir clairement leur mouvement
intérieur par le moien de deux ou
trois tâches lumineufes, qui chan-
geoient continuellement de place pendant l'action; & parce qu'auſſi leur é-
jaculation fe faifoit avec plus de force.

Le refultat de mes obfervations a-
boutit à ceci. Premièrement, quoique toutes les diverfes efpèces de
Pouſſières agiffent & fécondent leurs
graines refpectives de la même manière, comme j'ai lieu de le croire
par les Expériences que j'ai faites fur
diférentes fortes, cependant il eſt
plus aifé d'obferver ce fait dans les
Pouſſières opaques; la fubſtance qui
eſt dardée par celles qui font trans-

D 7

pa-

parentes ne paroit dans l'eau que comme une fine vapeur pellucide ; telle
est par exemple celle du Cresson. On
comprend donc qu'il peut y en avoir
de si petites, de cette dernière sorte, que leur action ne sera visible
que très difficilement, si même elle
l'est en aucune façon ; car la matière
qui en sort est à proportion plus fine
& plus transparente (*k*). Ainsi (*l*)

quoi

(*k*) Si l'on ne voit pas distinctement la
matière qui sort de ces grains de Poussière,
l'on en est dédommagé par le mouvement
qu'on remarque dans leur intérieur, & qui
offre un spectacle charmant. Dans ceux
que j'ai examiné, j'ai vu des taches qui par-
toient des extrémités du globule ovale, qui
grossissoient en s'approchant l'une de l'autre, & qui se confondant dans le centre,
disparoissoient parce que le globule perdoit
sa transparence, & peut-être aussi parce que
c'étoit la matière, qui étoit dardée hors du
grain. A l'endroit où elles s'étoient réunies,
j'ai presque toujours observé la cicatrice
dont notre Auteur va parler, & qui a l'air
d'une crevasse formée dans la membrane extérieure du globule. R. D. T.

(*l*) Qu'il me soit permis de hasarder ici
une conjecture ; c'est que quand il arrive que
le Vin pousse au Printems, lorsque les vi-

gnes

quoi que je n'aie pas remarqué que l'eau caufât aucune altération fenfible dans les Pouffières des Grenades, des Afperges, du Houblon, & quelques autres Pouffières transparentes, cependant, plutot que de fuppofer que la Nature n'eft point uniforme dans le choix des moiens qu'elle emploie pour parvenir aux mêmes fins, je fuis porté à croire, qu'on n'apperçoit point l'action de ces Pousfierès, foit à caufe de la petiteffe de leurs globules, dont dix égalent à peine un feul des grains de la Mauve, foit à caufe de la figure & de la ftructure de ces globules, qui font tous ovales, & fort legers, quoique cependant plus pefants à leur petit bout, ce qui fait que leur plus large éxtrémité fort hors de l'eau. Si donc la ma-

gnes font en fleurs, cela peut être attribué à une fermentation, qui y eft excitée par la matière fubtile qui fort des globules de la Pouffière de ces fleurs, & dont je fuis perfuadé que l'Air eft alors rempli : cette matière, vue au Microfcope, paroit prodigieufement fine, fubtile & pénétrante, ce qui rend ma conjecture affez vraifemblable.

matière qui doit être jettée, fort par le petit bout, vers lequel il eſt naturel de ſuppoſer qu'elle eſt placée à cauſe de la transparence & de la légèreté du gros bout, il eſt clair que l'action de la Pouſſière ne ſauroit être remarquée par un Obſervateur; & ce peut être là le cas de toutes les eſpèces dans lesquelles cet éfet n'eſt point viſible.

En ſecond lieu, il n'y a que peu de grains qui agiſſent, ſi la Pouſſière n'a pas été cueillie recemment; & même encore alors n'agiſſent ils pas tous; la raiſon de cela, comme je le ſoupçonne, c'eſt qu'ils ne ſont pas tous également murs, & prets pour l'action.

En troiſième lieu, il y a quelques eſpèces de Pouſſières qui agiſſent avec tant de force, que quand il y a deux grains contigus, l'action de la matière qui eſt dardée par l'un repouſſe l'autre à une diſtance qui égale ſix ou ſept fois ſon diamètre.

En quatrième lieu, quelque eſpèce de Pouſſière qu'on obſerve, on y voit toujours quelques grains qui

ſont

font crevés & entr'ouverts ; mais
cependant dans la pluspart l'ouverture, par où paſſe la ſubſtance intérieure,
eſt imperceptible, lors même qu'on
les regarde avec les verres qui groſſiſſent le plus.

En cinquième lieu, la ſemence ne
contient point, avant que d'être fécondée, la Plante en mignature, comme quelques Auteurs l'ont cru : mais
c'eſt la Pouſſière de la Fleur qui renferme le premier germe ou bouton de
la nouvelle Plante ; ce germe pour
ſe développer & pour croitre n'a beſoin que du ſuc, qu'il trouve tout
préparé dans l'Ovaire. Car ſi l'on reflechit ſur les conſéquences d'une obſervation qui a déjà été faite par divers Naturaliſtes, c'eſt qu'avec les
meilleurs Microſcopes, on ne découvre rien dans la graine d'une Plante, jusqu'à ce que les ſommets des E-
tamines ſe ſoient dechargés de leur
Pouſſière ; que jusqu'à ce tems là cette
graine eſt tout à fait vuide, & qu'on
n'y voit rien que ſa peau, ou ſon
enveloppe extérieure, mais que dès
qu'elle a été impregnée de la Pous-
ſière,

fière, on y aperçoit un véritable germe, ou une petite tache verdatre qui
nage dans une liqueur limpide. Si
dis-je l'on reflechit sur les conséquen-
ces de cette observation, & si l'on
compare cette tache verdatre, avec
les globules qui font renfermés dans
la substance membraneuse qui fort
d'un grain de Poussière, il paroitra,
je pense, très vraisemblable que chacun de ces globules est un germe réel,
& qu'il n'est pas impossible qu'un seul
grain de Poussière suffise pour féconder toutes les graines contenues
dans l'Ovaire.

En sixième lieu, la véritable raison pour laquelle la Pluie est si nuisible aux Plantes & aux Arbres qui
font en fleurs, ne consiste pas en ce
qu'elle entraine la Poussière, mais en
ce qu'elle dissout les grains de cette
Poussière fur les Etamines mêmes, a-
vant qu'ils puissent atteindre le Pistile, par lequel la matière fécondante,
qu'ils renferment, devroit passer pour
parvenir à l'Ovaire. C'est pour cela
peut-être, qu'on ne trouve jamais
que ces grains soient également murs

&

& prets à agir en même tems, comme j'ai déjà eu occasion de le remarquer.

En septième lieu, c'est par la force de l'action de ces grains, que la substance fécondante est dardée dans les conduits du Pistile qui aboutissent à l'Ovaire. On peut découvrir avec le Microscope ces conduits dans les Pistiles de plusieurs Plantes, mais particulièrement dans ceux du Citronnier. Si l'on coupe un de ces derniers transversalement, & qu'on en place une tranche au foyer d'un Microscope, elle paroitra rayée comme le Citron même, & l'on y distinguera les conduits, qui aboutissent à chacune des cellules où les graines sont logées. Quant aux Mammelons qui forment la tête de ces conduits dans plusieurs Fleurs, il faut remarquer que la Nature n'est pas uniforme à cet égard, puis qu'il y a diverses Plantes ou l'on ne trouve ni ces conduits ni ces Mammelons. Mais alors il y a d'autres parties qui y suppléent, & la fécondation s'opère en général de la même manière dans toutes. On

en

en peut citer pour exemple le Maïz,
ou Blé des Indes, où l'on voit au
lieu de conduits des filamens, qui
suivant les observations de Mr. Lo-
gan, dans les *Transf. Philof.* N. 440.
p. 192. répondent si exactement au
nombre des graines, que si l'on en
ote une partie, l'on trouvera que le
nombre des graines fécondées que
portera la Plante, égalera précisement
celui des filets qu'on aura laissé.

En huitième lieu, quoique l'eau
commune suffise pour exciter l'action
des globules de Poussière, cependant
l'application du suc qui est exprimé
de l'Ovaire, produit un éfet plus im-
médiat, & semble être plus éficace
à cet égard.

Enfin, quant à la véritable raison,
qui est cause que l'eau produit cet é-
fet sur les grains de Poussière, je
crois qu'elle restera un secret. J'a-
vois dabord conjecturé que la substance membraneuse, qui enveloppe
les parties qui sont dardées, étoit
composée d'une espèce de filaments
secs & élastiques, qui se dilatoient
quand l'eau entroit dans la cavité
de

de la coque ou gouſſe extérieure, &
que c'étoit là ce qui occaſionnoit l'é-
lancement ſubit de la matière fécondante. Mais aiant eſſayé par haſard
d'emploier quelque liqueur acide,
comme du jus de Citron & du vinai-
gre, au lieu d'eau, l'action ne s'o-
péra point, & je m'imagine que tout
autre acide, auroit été également in-
éficace : cela m'a convaincu que cette action dépend d'un mécaniſme caché, auquel il n'y a pas moien de
parvenir, même par conjectures,
vu la petiteſſe des Corps dont il s'agit.

Voilà tout ce que j'ai pu découvrir
touchant le Phénomène que nous offre la Pouſſière qui féconde les Plantes.
Mais avant que de paſſer à une autre
matière, & pour ne rien omettre
de ce qui peut avoir ici quelque rela-
tion, faiſons encore la remarque ſui-
vante. Ceux qui pretendent que les
Animalcules ſpermatiques, ſont réellement des Animaux, & non des petites machines, ſemblables aux vaiſſeaux laiteux du Calmar ; & qui
croient ainſi détruire l'analogie que
les découvertes précedentes nous au-
tori-

torisent, ce semble, à établir entre le règne animal & le règne végétal; ceux, là-dis-je, ne doivent pas seulement résoudre les objections que divers Auteurs ont avancées contre le système de Mrs. Leeuwenhoek & Andri; il faut encore qu'ils répondent aux questions suivantes. 1°. Si les petits Corps qu'on voit dans la semence sont réellement des Animaux, de l'espèce de ceux qui habitent dans l'eau, pourquoi vivent-ils dans un élement qui est si peu propre pour eux, à cause de sa viscosité, que, comme Mr. Leeuwenhoek même le remarque, s'il n'est pas délayé avec de l'eau, sa consistance fait que ces Animaux sont absolument privés de tout mouvement, dans les endroits où il est le plus épais (*m*)? 2°. Gagne-t-on

(*m*) La manière modeste avec laquelle notre Auteur propose ici ses doutes, témoigne chez lui tant d'amour pour la vérité, & si peu de prévention en faveur de ses propres idées, que je suis sur qu'il ne trouvera pas mauvais si j'essaie de répondre en peu de mots à ses questions : je le ferai donc,

on quelque chofe, ou éclaircit-on davantage la matière en foutenant que
les Animalcules contribuent en quelque manière à la géneration , puis
qu'on peut toujours demander, comment ces Animaux fe produifent; à
moins qu'on ne veuille en pouffer le
nom-

donc, non que je croie pouvoir refoudre
parfaitement fes difficultés , mais afin de
l'engager à examiner la chofe encore plus
murement, au cas que cette Traduction parvienne, jusqu'à lui. Je commence donc
par cette première queftion. Pour la refoudre avec plus de connoiffance de caufe
j'ai examiné le fperme de divers Animaux,
& fans qu'il fut néceffaire de le délaier avec
de l'eau, j'y ai toujours vu un très grand
nombre de ces petits Corps, qu'on prend
pour des Animalcules, fe mouvoir de tout
coté. Ainfi cet élement n'eft pas auffi contraire pour eux que la queftion femble le
fupofer. A la vérité ils paroiffent quelques fois fans mouvement dans les endroits
où la liqueur eft plus épaiffe ; mais eft-on
fur qu'il en foit de même dans le refervoir
d'où ils fortent? Renfermez là dans un plus
grand efpace, ils peuvent aifément éviter
ces endroits où ils ne nagent pas à leur aife;
au lieu qu'il n'en eft pas de même d'une
goute de liqueur , qu'on place au Foïer
d'un Microfcope. Ces Animalcules n'ont pas
été faits pour être vus de cette façon. R. D. T.

nombre jusqu'à une suite infinie (*n*)? 3°. Sans rien déroger à ce que nous connoissons de la Sagesse du Créateur, ne sommes nous pas autant autorisés à dire que le Foetus tire son origine d'un point de matière sans vie, que d'assurer qu'il nait d'un Animacule (*o*)? 4°. Dans les jeunes su-

(*n*) Cette question ne fait proprement rien au sujet. Il ne s'agit pas ici de l'usage de ces Animalcules, mais de leur réalité. Quand même on démontreroit que ce n'est point d'eux que le Foetus tire son origine, on ne prouveroit pas par là qu'ils n'existent point; & c'est contre leur existence qu'on argumente. Cependant pour repondre à cette même question, je ne vois pas qu'il y ait aucune absurdité à supposer ici une suite infinie, ou pour parler plus exactement, une suite composée d'un très grand nombre de dégrés. Quand il s'agit de l'Etre suprème, créer une suite de dix Animalcules, ou en créer une d'un million, c'est la même chose. R. D. T.

(*o*) En ne consultant que la puissance du Créateur, sans contredit nous sommes autant fondés à dire que le Foetus tire son origine d'un point de matière sans vie, que d'un Animalcule. Mais il s'agit ici de ce que le Créateur a fait, & non de ce qu'il auroit pu faire. Si les Animalcules existent réellement,

fujets , pourquoi les Animalcules , fuppofé qu'on puiffe fe fervir de ce mot, reftent-ils long-tems imparfaits, & de façon que, fuivant les obfervations de Mr. Leeuwenhoek, ils ne paroiffent pendant plufieurs années que comme des points ou des globules fans vie, qui flottent dans une liqueur (*p*) ? Ne pourroit-on pas dé-

ment , & font les principes du Foetus, ce feroit déroger à fa Sageffe que de dire qu'il auroit pu faire que la multiplication de l'efpèce animale s'opérat par un autre moïen: celui qu'il a choifi eft le plus convenable, & fa Puiffance ne fauroit executer, que ce que fa Sageffe trouve le meilleur. Et d'ailleurs , pouvons-nous affurer que ce ne feroit point déroger à cette même Sageffe, que de dire que Dieu eft obligé de créer de nouvelles Ames, pour tous les Animaux qui naiffent? ce qui eft cependant une conféquence, qu'il faut digérer lorfqu'on n'admet point l'exiftence des Animalcules? R. D. T.

(*p*) Si dans les jeunes fujets ces Animalcules ne donnent aucun figne de vie, cela ne peut-il pas venir de ce que, n'y trouvant pas un Elément qui leur convienne, ils reftent dans un état de Nymphe, jufqu'à ce que cet Elément ait acquis le dégré de perfection, qui leur eft néceffaire? R. D. T.

E

déduire de cette observation, qu'il
y a ici quelque chose d'analogue à
la formation graduelle des Vaisseaux
laiteux dans le Calmar, dont j'ai
parlé ci-devant, plu-tôt que d'en
conclure qu'un Animal est le prin-
cipe de la génération? En un mot
pour prouver la réalité de ces Animalcules, il faut quelque chose de
plus que leur mouvement dans la li-
liqueur où ils sont, car cette raison
est fort équivoque, puis-qu'un semblable mouvement a lieu dans les
Vaisseaux laiteux du Calmar, (*q*)
qui sont incontestablement de pures
machines. La durée du mouvement
qu'on a observé dans quelques uns
de ces Animaux, & qui surpasse peut-
être celle de l'agitation des Vaisseaux
laiteux, & cela à cause de l'espace
qu'ils ont à parcourir, avant que de
parvenir dans l'Uterus au point où se
fait l'impregnation; cette durée, dis-
je,

(*q*) Par ce que j'ai dit ci-devant *pag.* 65.
il paroit qu'il y a quelques diférences entre
le mouvement de ces Animalcules, & celui
des Vaisseaux laiteux. R. D. T.

je, à moins qu'elle ne furpaſſe de beaucoup celle des Vaiſſeaux laiteux, n'ajoute aucune force aux argumens, par lesquels on tache d'établir l'exiſtence des Animalcules ; car elle peuṭ dépendre de la nature de ces petites Machines, auſſi bien que de pluſieurs autres circonſtances, que nous ne connoiſſons pas aſſez bien.

CHAPITRE VIII.

Des Anguilles qui ſont dans le Blé, gaté par la Nielle.

La Nielle eſt une maladie du Blé, dont elle détruit la ſubſtance farineuſe, qui eſt au-dedans, & introduit à ſa place une matière étrangère, qui ternit & noircit le grain, au moins extérieurement. Cette matière eſt ou une Pouſſière noire & fort fine, mais dont les parties, vues au Microſcope, n'ont point une figure uniforme ; ou c'eſt une ſubſtance blanche, toute compoſée de longues fibres, * empaquetées enſemble,

* PL. V. Fig. 6.

E 2

semble, & qui ne donnent aucun figne
de vie ou de mouvement, fi on les ex-
pofe au Microfcope, telles qu'on les tire du grain, fans leur appliquer de l'eau.

La première fois que je les décou-
vris, je n'avois d'autre deffein en
leur appliquant de l'eau, que de développer ces paquets, afin que je
puffe examiner les fibres plus commodement; je fus par conféquent bien furpris de les voir en un inftant prendre
vie, & fe mouvoir régulièrement, non
d'un mouvement progreffif, mais en
tortillant chacune de leurs extrémités, & perfeverer dans cette agitation jufqu'au lendemain.

J'ai repété cette obfervation en
divers tems, avec cette diférence
feulement; c'eft qu'au commencement, lorfque les grains étoient cueillis récemment, & qu'ils étoient encore mols, il fuffifoit d'en tirer les
Animalcules, & leur appliquer de
l'eau, pour les voir remuer; mais
enfuite, lorfque ces grains ont été
gardés quelque tems, il m'a fallu
les macerer dans l'eau pendant quelques heures, & alors quand j'en ti-
rois

rois les Animaux, je les voiois s'ani-
mer peu à peu, lorsque je les expo-
fois au Microfcope dans une goute
d'eau; au lieu que fi je ne prenois
pas cette précaution, il n'y en avoit
presque aucun qui donnât quelque
figne de vie.

Comment ces Anguilles, car je
puis leur donner ce nom, parce que ce
font des Animalcules aquatiques, qui
reffemblent affez aux Anguilles d'eau
douce, avec cette diférence cependant, c'eft que leurs deux extrémi-
tés font tout-à-fait femblables *, fans   * PL. V.
qu'on y remarque aucune apparence   Fig. 7.
de bouche ou de tête; comment ces
Anguilles, dis-je, fubfiftent-elles; d'où
viennent-elles; fi elles fubiffent quelque changement, en quoi fe conver-
tiffent-elles; ou comment multiplient-
elles? Je n'ai rien pu découvrir là-
deffus : tout ce que je fai, c'eft que
j'en ai obfervé pendant fept ou huit
femaines de fuite, que j'ai confervé
en vie uniquement en leur fourniffant
de la nouvelle eau : fouvent j'en ai
auffi laiffé fécher, pendant quelques
jours après que l'eau s'étoit évapo-

E 3   rée,

rée, & enfuite elles ont repris vie dès que je leur ai redonné de l'eau fraiche. Mais ce qui m'a furpris le plus, c'eft que j'ai actuellement des grains de ce Blé gaté par la Nielle, qui ont été cueillis il y a plus de deux ans ici en Angleterre, où je les ai confervé fecs pendant un été dans une boëte, & enfuite je les ai porté avec moi dans un climat beaucoup plus chaud, je veux dire en Portugal, où ils ont paffé un fecond été, & cependant ils m'offrent encore à préfent les mê mes phénomènes, fans que j'y puiffe remarquer aucun changement (*a*).

La

(*a*) Un de mes Amis aïant eu l'avantage de voir à Londres Mr. Needham, en a re çu quelques grains de ce Blé dont il s'agit ici, & il a eu la bonté de les partager avec moi. J'ai vu avec admiration les Anguilles qui font dans leur intérieur; & comme ce fpectacle m'a paru fort furprenant, j'y fuis revenu plufieurs fois, toujours avec le mê me plaifir. Quoique le mouvement de ces Anguilles foit très fenfible, je n'oferois ce pendant pas affurer pofitivement que ce font des Animaux. Peut-être ne font-elles que des Etuis qui renferment d'autres petits Animalcules. Ce qui me le feroit croire

c'eft

La Nature singulière de ces Animalcules, quelqu'inexplicable qu'elle soit en elle-même, nous sert de confirmation & nous met en état de rendre raison d'une observation qui a été faite par plusieurs habitans de la campagne, & dont parle Mr. Bradley ; c'est qu'entr'autres causes, ce qui occasionne la Nielle dans les

c'est un phénomène dont j'ai été témoin plusieurs fois, & dont je dois la découverte à une personne à qui j'avois donné quelques grains de ce Blé. Voici le fait. Il arrive assez souvent à ces Anguilles de se rompre, & alors on voit sortir de leur Corps plusieurs petits globules, noirâtres ; enveloppés dans une fine membrane; or j'ai observé plusieurs fois que de ces paquets de globules, il sortoit de petits Corps qui nageoient dans l'eau avec beaucoup de vitesse. Ces globules, qu'on peut même découvrir dans le Corps de l'Anguille à cause de sa transparence, sont-ils donc de petits animaux, renfermés dans l'Anguille, comme dans un Etui? Pour être en état de resoudre la question, il faut observer de suite une Anguille jusqu'à ce qu'on ait vu tous les globules en sortir ; examiner ce qu'elle devient alors, & suivre les progrès de ces derniers. Mais quoi qu'il en soit, le merveilleux de la chose subsistera toujours dans son entier. R. D. T.

les Blés, eft que parmi les grains qu'on féme, il y en a qui font infectés de cette maladie. Car fi l'on fuppofe que ces Animaux trouvent dans la Terre une humidité fuffifante pour leur donner la vie, fi je puis m'exprimer ainfi, eux ou leurs oeufs peuvent aifément s'infinuer dans le jeune Blé, & croitre avec lui. En conféquence de cela Mr. Bradley ordonne une forte faumure avec de l'Alun diffout, où l'on mettra tremper le grain pendant trente heures; après quói on le lavera dans l'eau fraiche, & enfuite l'on écumera foigneufement les grains qui furnageront, parce que ce fera une marque qu'ils feront gatés : par là on parviendra à garantir la nouvelle recolte de cette infection. L'éfet de cette macération eft dû vraifemblablement aux parties falines qui pénètrent dans les grains, & qui détruifent les Animalcules par tout où ils en trouvent. Mr. Bradley affure en même tems, que fi cette macération n'a pas quelque-fois le fuccès qu'on en attend, cela vient ou de ce que la fau

mure

mure n'a pas été aſſez forte, ou de ce que le Blé n'y a pas trempé aſſez long-tems. En éfet, aiant fait tremper des grains gatés dans une forte ſaumure, compoſée exactement ſuivant l'ordonnance, & les aiant examiné au bout de douze, ou quinze heures, j'en tirai des Animaux vivans, mais je n'apperçus aucun ſigne de vie dans ceux que je laiſſai macerer pendant trente heures ou plus. J'ai fait repreſenter dans la Fig. 6. de la Planche V. une goute d'eau, remplie de ces Anguilles, telle qu'on la voit avec le Verre N. 3. d'un double Microſcope à reflexion; & dans la Fig. 7. on voit une de ces Anguilles, telle qu'elle paroit avec le Verre qui groſſit le plus.

✾ ✾ ✾ ✾ ✾ ✾ ✾

CHAPITRE IX.

D'un petit Inſecte, de l'eſpèce des Scarabées, trouvé ſur le Narciſſe.

Mr. de Reaumur a obſervé avec raiſon, dans le cinquième de ſes Mémoires pour ſervir à l'Hiſtoire

E 5

des

des Infectes, Tom. 4. que les Pouſſières qu'on trouve ſur les ailes des
Papillons, méritent moins le nom
de Plumes que celui d'Ecailles, auxquelles elles reſſemblent aſſez. Quoiqu'elles ſervent à fortifier les ailes
du Papillon, & qu'en ce ſens elles
ſoient utiles à cet Animal, il ſemble
cependant qu'elles ſont plu-tôt deſti-
nées à l'ornement, qu'à aucun uſage
réel. Un petit Inſecte *, de l'eſpèce des Scarabées, qui ſe nourrit de la
Pouſſière des Etamines du Narciſſe,
paroit confirmer cela: c'eſt je crois
un Animal ſingulier en ſon eſpèce;
au moins je n'en ai pas vu d'autres
qui lui reſſemblent. Toute la ſurfa-
ce extérieure de ſon Corps eſt ornée
& couverte d'écailles *; celles qui
ſont ſur les foureaux de ſes Ailes ſont
de couleurs diférentes, & ſont dis-
poſées de façon qu'elles forment des
taches ou mouchetures ſur toute l'é-
tendue du foureau. Cet Inſecte eſt
ſi petit, comme òn en peut juger
par la fig. 8. où il eſt repréſenté de
grandeur naturelle, que je n'aurois
pas fait attention à cette particularité,

té, si je n'avois pas remarqué par
hasard, que quand je le maniois il
changeoit de couleur, & perdoit de
ses mouchetures. Les écailles dont
il est couvert sont les plus petites que
j'aie vues. Je les ai fait représenter
ici telles qu'elles paroissent avec le
verre qui grossit le plus, dans un
double Microscope à reflexion ; à
peine sont-elles visibles avec un Verre qui grossit moins. Pour représenter l'Animal même, *je me suis con- * PL. V.
tenté d'employer une forte loupe. Fig. 9. 10.
Dans les fig. 9. & 10. on le voit par 11. 12.
dessus & par dessous, avec la tête dressée ; & les fig. 11. & 12. le font voir de
la même manière, avec cette seule diférence, c'est que sa tête est dans
son attitude naturelle. Peut-être que
si l'on examinoit les petites taches
sur plusieurs Insectes de ce genre, &
sur quelques autres, on trouveroit
qu'elles sont dues, à un arrangement
d'écailles de la même nature.

E 6   CHA-

CHAPITRE X.

Des Oeufs de la Raye.

La Raye, autant que nous en pouvons juger par la consideration de ses Oeufs, ne multiplie pas son espèce de la même manière que la plus-part des autres Poissons ; on sait que ceux-ci se rassemblent par troupes dans les endroits où les Femelles déposent leur fray, qui est dabord fécondé, sans qu'il se fasse aucune copulation des deux sexes. Les Oeufs de la Raye, au contraire, sont vraisemblablement rendus féconds, avant que de sortir du Corps de l'Animal. Leur coque est mince, d'un brun obscur, quelque peu transparente, & fort dure; & leur figure est telle que je l'ai fait représenter *. Ils sont remplis intérieurement, de méme que les autres Oeufs, d'un blanc qui environne une substance analogue au jaune ordinaire, excepté qu'elle est blanche: durcie dans l'eau

chau-

* PL. V.
Fig. 164

chaude, elle paroît auffi être compofée de globules, qu'on fuppofe être
de petites veficules, qui contiennent ce qui fert de nourriture au foetus; & de même encore que dans
les autres Oeufs, toute cette fubftance intérieure a une enveloppe commune, favoir une Membrane qui
tapiffe la cavité de la coque : outre
cela le blanc, & la matière analogue
au jaune, ont leurs enveloppes particulières; mais cette dernière matière n'eft point fufpendue par fes po-
les, apparemment parce que dans
les Oeufs de cette forme les ligamens
qui fe trouvent dans les autres ne font
pas néceffaires. On peut découvrir
aifément, même à l'oeil nud, leur
cicatricule, qui paroît rayée, & qui
a quelque reffemblance avec la coupe transverfale d'un Citron ; elle
prouve que l'Oeuf eft fécondé avant
que d'être dépofé hors du Corps. La
defcription & la figure que j'ai donné de ces Oeufs, ont été faites d'a-
près des Oeufs tirés tout récemment
de l'Ovaire ou de l'Uterus de la Raye.

E 7 Cᴴᴬ

CHAPITRE XI.

Du Bernacle.

J'ai déjà fait connoitre en quelque manière cette Production marine, & j'en ai donné une description générale dans l'Introduction, qui est à la tête de cet Ouvrage. Depuis lors j'ai eu occasion d'examiner cet Animal avec plus d'attention, de façon que je suis en état d'en donner à present une description plus exacte, accompagnée de figures qui m'ont paru nécessaires, pour éclaircir ce que j'ai à dire. Cependant je ne suis pas encore parvenu à découvrir quelque chose d'aussi satisfaisant que je le souhaiterois, sur la manière dont il se multiplie (*a*). En ouvrant la Coquille qui est à l'extrémité de la longue queuë cylindrique de tous les Bernacles, j'ai trou-

(*a*) Voïez ce que j'ai dit là-dessus dans l'Introduction p. 8. n. *b*. & consultez les fig. 1. & 2. de la Pl. VII. R. D. T.

trouvé dans plufieurs une excrefcence
bleuë, placée de chaque coté & immédiatement au deffous du groupe
de Cornes. Ces excrefcences, vues
au Microfcope, m'ont paru être un
fac membraneux, rempli de petits
globules bleus, d'une figure ovale &
uniforme, & affez femblables au
fray des autres Poiffons ; mais cette
reffemblance, n'étant accompagnée
d'aucune des autres obfervations qui
feroient ici néceffaires, ne forme
tout au plus qu'un argument qui a
quelque probabilité : ainfi je ne faurois déterminer avec certitude fi leur
adhéfion par troupes, & l'union in-
time des racines de leurs Pédicules,
eft due à quelque analogie entre leur
multiplication & celle du Polype,
ou fi elle vient de ce que les parties
du fray, dépofé hors de leur Corps,
reftent & croiffent unies les unes aux
autres, & cela par la même caufe
qui fait que l'Animal, dès le tems de
fa nativité, eft fixé aux vaiffeaux
ou aux rochers, dont il paroit fortir.
Nous pouvons diftinguer dans cette Production marine, vue à l'oeil nud,

trois parties remarquables ; savoir

*PL. VI. &
PL. VII.
Fig. 1. a. b.*
le Pédicule noiratre * & cylindrique, par la baze duquel elle est adhérente aux vaisseaux ou aux rochers, sur lesquels on la trouve ; la Coquille * dont ce Pédicule est armé, & le

* PL. VI.
Fig. 1. c.
* d.
Poisson même *, renfermé dans cette Coquille. Le Pédicule est creux dans toute sa longueur, mais de façon que le diamètre de sa cavité intérieure n'est pas proportionné à celui de sa circonference extérieure ; & cela à cause de l'épaisseur de la substance de ce Pédicule ; car il est formé de diverses membranes, renfermées les unes dans les autres, & composées de fibres longitudinales. Ces fibres sont susceptibles d'une grande extension, de sorte que quand l'Animal est en vie, il peut acquerir une longueur à peu près double de celle qu'il a naturellement, mais quand elles se sèchent, elles se contractent, se durcissent, & deviennent rudes comme du chagrin. J'ai cru dabord que ce Pédicule étoit l'Etui qui contenoit le Corps du Poisson ; mais après avoir bien examiné la chose, j'ai vu que ce dernier étoit

ren-

renfermé uniquement dans la Coquille, sans avoir aucune communication sensible avec ce tuiau cylindrique, que j'appelle à cause de cela Queuë ou Pédicule, & non une partie de l'Etui, pour laquelle je l'avois pris dabord.

La Coquille, qui contient le Poisson, est bivalve en apparence, mais si on l'examine un peu attentivement on découvre bien-tôt que chacun de ses cotés est composé de deux piè-ces *, adhérentes l'une à l'autre par une fine Membrane, qui en tapisse toute la surface concave, & qui s'insinuant entre chaque division *, joint ces pièces ensemble de façon que l'Animal a l'avantage de pouvoir attirer à foi l'eau & la nourriture ; & pour cela il n'est point nécessaire que les deux battans de sa Coquille s'éloignent l'un de l'autre, comme ceux des Huitres & des Moules ; ils en font empêchés par une charnière * courbe & concave, dans les bords de laquelle ils font engrainés, & qui s'étend au delà de la moitié de leur circonférence ; mais ils forment un angle à chacune de leurs divisions, & par

là

* **PL. VI.**
Fig. 2. *a. b.*
PL. VII.
Fig. 1. *f.*
& *g.*
* **PL. VII.**
Fig. 1. *h.*

* **PL. VI.**
Fig. 3. &
PL. VII.
Fig. 1. *o.*

là ils laissent entr'eux une ouverture qui a à peu près la figure d'un rhom-

PL. VII. boïde *. Ainsi tout ce qui est atti-
Fig. 2. c. ré par le jeu des Cornes du Poisson est aisément retenu dans cette cavité. Lorsque l'Animal est tranquille, sa Coquille est toujours ouverte, parce qu'il a continuellement besoin de nouvelle eau, qu'il succe & qu'il rejette alternativement ; ce qu'on peut remarquer par le jeu de deux Antennes correspondentes, qui ressemblent à celles de quelques Insectes, & dont le mouvement répond assez bien à celui des Ouïes des autres Poissons.

La tête de cet Animal est gar-
PL. VI. nie d'une vingtaine de Cornes *,
Fig. 1. c. ou même de plus. La longueur de
c. c. ces Cornes diminue par dégrés, & elles forment des courbes irrégulières enfermées les unes dans les autres. Leur coté concave est partagé par di-
PL. VI. verses incisions * ; dans les intervalles
Fig. 4. compris entre ces incisions, il y a des touffes de poils, qui ont assez la figure de petites brosses. Le Poisson peut les faire sortir ou les retirer à volonté, &

en

en les agitant ſoit dans l'intérieur de ſa Coquille, ſoit dehors, il forme dans l'eau un courant qui entraine à lui la proye dont il ſe nourrit. Ce qui me porte à croire cela, c'eſt qu'en expoſant au Microſcope la tête de cet Animal avec ſes Cornes, pour en mieux examiner l'arrangement, j'ai trouvé quelquefois deux ſortes d'Animalcules, pas plus gros qu'un grain de ſable, dont les uns reſſembloient à des Crabbes, & les autres à des Pucerons d'eau, & qui étoient engagés dans les longs poils, qui garniſſent la concavité des Cornes.

Ces Cornes vues au Microſcope, paroiſſent un peu opaques, mais on peut les rendre transparentes en tirant hors de leur cavité intérieure un paquet de longues fibres, qui s'étendent d'une de leurs extrémités à l'autre; & à cet égard ces Cornes paroiſſent reſſembler à celles des Chevrettes, & des Ecreviſſes, tant de rivière que de mer.

Au milieu du groupe de ces Cornes, préciſément au-deſſus de la bouche, il y a une Trompe creuſe *, * PL. VI. Fig. 1. f. qui conſiſte dans un Tube chargé

de

de poils, & coupé par des jointures;
elle renferme une espèce de langue ronde & longue, assez semblable à celle d'un Pivert, & que je
crois pouvoir être dardée hors de son
foureau, ou retirée au dedans, suivant que les besoins de l'Animal l'exi-
gent. J'ai fait représenter cette Trompe * telle qu'elle m'a paru au Microscope, immédiatement après l'a-
voir séparée de la tête d'un Bernacle
vivant; & j'ai pu même distinguer
alors l'extrémité de la langue, qui
sortoit & rentroit dans son étui par
un mouvement convulsif, qu'elle conserve long-tems, après avoir été séparée.

La Bouche * de cet Animal est singulière dans son espèce. Elle consiste en six lames, qui peuvent s'écar-
ter les unes des autres, & qui sont
dentelées * comme une scie sur leur
bord convexe. Ces lames sont dis-
posées en cercle, & fixées par l'extrémité, à laquelle on voit encore,
dans la figure, les restes des Nerfs
qui leur communiquent le mouvement; leur arrangement est tel,
qu'en

qu'en s'élevant & s'abaissant alternativement, leurs dents se correspon-
dent en agissant sur ce qui se presente à leur action, Elles sont appliquées les unes contre les autres, de
façon qu'elles forment une ouverture
plissée, qui ressemble à celle d'une
bourse dont les cordons sont tirés,
& quand elles concourent à saisir
leur proie, on comprend aisément
qu'armées comme elles sont, elles ne
la laissent pas échaper. La figure
d'une de ces six lames, que j'ai fait
representer, telle qu'elle paroit avec
le Verre N. 3. d'un Microscope,
donnera une plus juste idée de leur
structure, que tout ce que je pourrois en dire; ainsi j'y renvoie le Lecteur.

Le Corps même du Poisson ne m'a
rien fait voir de remarquable; tout
ce que j'en dirai, c'est que pour
la figure il ressemble assez à celui
d'une petite Huitre.

Il y a une autre espèce de Bernacles, mais plus petits que ceux que
je viens de décrire. On les trouve
aussi adhérents aux Vaisseaux ou aux
Rochers; & ils diférent principalement

ment des autres en ce que la Coquille * qui renferme immédiatement leur
Corps, avec le Pédicule sur lequel il
est fixé, est logée dans une autre
Coquille * univalve, qui a la forme
d'un Cone tronqué, qui s'attache
contre le fond des Vaisseaux, comme celle d'un Gland de Mer, avec
laquelle il est aisé de la confondre.
Le Pédicule dans cette dernière espèce, est à proportion plus court que
dans l'autre sorte : il n'a précisément
que la longueur qui lui est nécessaire,
pour que l'Animal puisse faire sortir
son appareil de Cornes, hors de sa
Coquille univalve. Ces petits Bernacles ont aussi une Trompe *, que
j'ai fait représenter, telle qu'elle paroit au Microscope *, afin qu'on puisse voir en quoi elle difère de celle
des grands Bernacles. Elle renferme
une langue qui est beaucoup plus
longue que celle de ces derniers, à
proportion de la taille de l'Animal,
& qui, quand elle est retirée dans son
étui, est plissée & contournée en
spirale.

Il ne me reste plus rien à ajouter
sur

ſur ces Animaux ; ainſi je finirai ce
Chapitre en repetant l'obſervation
que j'ai déjà faite dans l'Introduction
à cet Ouvrage ; c'eſt qu'il paroit qu'il
y a une aſſez grande analogie, entre
ces Productions marines, & ces A-
nimalcules à rouës, dont Mr. Leeuwenhoek a découvert deux eſpèces
diférentes : les uns, qui ſe trouvent
dans des goutières de plomb, retirent leurs rouës au dedans de leur
Corps, dès qu'ils ſont inquiettés ; les
autres ſe fixent ſur des Plantes aquatiques, & ils ne retirent pas ſeulement
leurs rouës dans leur Corps, mais tout
leur Corps même ſe contracte, & ſe ca-
che dans un étui. Il n'eſt pas néceſſaire de rapporter encore ici ces particularités qui ſe trouvent dans mon Introduction, & par lesquelles j'ai taché de prouver, que la rotation ap-
parente de ces Animaux n'eſt qu'un
éfet analogue au jeu du groupe des
Cornes des Bernacles. Je ſuis perſuadé que ſi l'on conſidère attentivement la deſcription que je viens de
donner de ces derniers, & ſi l'on en
fait l'application aux Animalcules de

M.

M. Leeuwenhoek, en aiant égard à la petiteſſe de ces derniers, qui eſt telle que les meilleurs Microſcopes ne nous les font voir qu'imparfaite-ment; je ſuis perſuadé, dis-je, que la plus-part des Phénomènes qu'ils nous ofrent, pourront être expliqués à l'aide de leur analogie avec les deux ſortes de Bernacles dont j'ai parlé, ſur-tout ſi l'on compare ceux-ci avec les Polypes à pannache de Mr. Trem-bley, dont ils ne ſemblent differer qu'en grandeur. Ce mouvement de rouës, qui ſemblent tourner autour d'un axe, ne peut s'expliquer qu'en deux manières : ou en ſupoſant qu'il eſt réel, mais alors il ne ſeroit guères compatible avec l'économie anima-le ; ou en diſant qu'il n'eſt qu'appa-rent, & ocaſionné par le jeu d'un groupe de Cornes; car s'il étoit réel, il ne ſauroit avoir lieu, comme je l'ai déjà remarqué ci-devant, que quand l'appareil de ces rouës ſeroit tout à fait détaché; & dans ce cas l'Animal ne pourroit pas diriger ſon mouvement, & l'on comprendroit dificilement, comment il croitroit &

ſub-

subsisteroit ainsi séparé du Corps auquel il appartient. Le mouvement circulaire qu'un Homme peut donner à ses bras, difère si fort de celui d'une roue qui tourne sur son axe, qu'on ne peut pas même lui supposer une analogie éloignée avec celui de l'Animalcule en question.

CHAPITRE XII.

Examen de prétendus Embryons de Soles, qu'on trouve sur une espèce de Chevrettes.

On croit communément sur les côtes d'Angleterre & de France, que les Soles sont produites par une espèce de Chevrettes, ou par une autre sorte de petites Ecrevisses, qui ne difèrent des Chevrettes qu'en ce qu'elles sont plus transparentes & d'une couleur moins brune. J'ai trouvé que ce même sentiment étoit aussi répandu parmi les Pêcheurs de Portugal, qui donnent à ces derniers Animaux le nom de *Chevrettes porte-*

Soles. Ce seroit quelque chose d'assez surprenant, qu'une opinion, ainsi reçue par des gens qui ne se livrent guères aux saillies de leur imagination, fut cependant fausse. J'ai peine à me persuader, qu'elle eut pu devenir si générale sur des côtes aussi éloignées les unes des autres, si elle n'avoit pas été appuiée par des preuves plus fortes & plus sensibles, que ne l'est la figure extérieure de ces Corps qu'on a pris pour des Embryons de Soles, & qui vus à l'oeil nud paroissent avoir tout au plus une ressemblance fort imparfaite avec ce Poisson. Mr. Deslandes, comme il paroit par *l'Histoire de l'Académie des Sciences, Année* 1722., aiant fait pêcher une grande quantité de Chevrettes, les conserva vivantes dans une Baille pleine d'eau de Mer. Au bout de 12 à 13 jours, il y vit huit ou dix petites Soles. Il répeta l'Expérience plusieurs fois, & toujours avec le même succès. Ensuite il mit des Soles dans une Baille, où il n'y avoit aucune Chevrette; elles y frayoient en perfection; mais il ne sortit de

leur

leur fray aucune petite Sole. De là il conclut que les petites Veffies qu'on trouve fur les Chevrettes, font des oeufs, dont l'intérieur, vu au Microscope, paroit contenir un Embryon de Sole, qui ne peut éclorre fi ces Oeufs ne s'attachent pas à des Chevrettes. Mr. Deslandes auroit pu mettre cette conféquence dans un beaucoup plus grand jour, & il auroit prévenu toute objection, s'il avoit pris la précaution de compter le nombre de ces prétendus Embryons fur une petite quantité de Chevrettes, & de comparer l'augmentation du nombre des Soles vivantes avec la diminution de celui de ces Embryons, fuppofé qu'il eut vu disparoitre ceux-ci au bout d'un certain tems; & fi fon fentiment eft fondé, il en auroit fur-tout démontré la vérité, s'il avoit mis à part un certain nombre de ces Embryons, pour les examiner tous les jours au Microfcope, & pour être par là en état de nous inftruire fur leurs progrès fucceffifs, jufqu'au tems qu'il les auroit vu éclorre. Car il n'eft pas impoffible qu'une certaine

F 2   quan-

quantité d'eau de Mer, ne contienne
quelques petites Soles qu'on n'apperçoit pas dabord. Quant à moi je n'ai
pas pu faire ces obfervations, parce
qu'après avoir examiné au Microfcope ces Veffies, que j'avois enlevées
à des Chevrettes vivantes, je fus o-
bligé de m'éloigner à quelque diftance de la Mer : cependant la defcription que j'en donnerai, jointe à une
particularité qui a échapé à Mr. Deslandes, fera, je penfe, un motif fuf-
fifant, pour engager ceux qui habitent près de la Mer à les obferver
avec plus d'exactitude : & ce fera là
tout ce que je dirai fur ce fujet, qui
eft encore bien éloigné d'être autant
éclairci qu'il devroit l'être.

Au coté gauche de la Chevrette,
précifément au-deffous de la tête, il
y a une éminence circulaire, d'environ un quart de pouce en diamètre, qui renferme une autre excrefcence concave en fon milieu, & cette cavité eft remplie d'une certaine
quantité de fray, qui pouffe à une
de fes extrémités une queuë, & à
l'autre une fubftance offeufe; ce qui
res-

reſſemble aſſez à la queuë & à la tête d'une petite Sole. Quand on nettoye la cavité, en otant le fray qui la remplit, le petit Corps qui y reſte *, paroit être diviſé dans toute ſa longueur par une ligne articulée, qui pouſſe de coté & d'autres des branches, qui forment avec elle des Angles aigus, à peu près comme les arrètes qui partent de l'épine du dos dans la plûpart des Poiſſons : les eſpaces que ces branches laiſſent entr'elles ſont remplis d'une ſubſtance légèrement colorée, & qui tient de la nature du Poiſſon. Mais cé qu'il y a ici de plus remarquable, c'eſt que ſi l'on enlève une petite portion du bord circulaire de la cavité, qui eſt ſur le dos de l'Embryon, & ſi on l'expoſe au Microſcope, on y découvre diſtinctement les petites arrètes qui fortifient les Nageoires, qui revetiſſent, comme l'on ſait, toute la circonference du Corps de la Sole, & qui reſſemblent aſſez aux dents d'un peigne. Cependant à l'exception de cette dernière particularité, il faut avouer, que tout ce qu'on voit de

* PL. VI.
Fig. 9.

F 3   plus

plus est fort confus, & ceux qui croient que c'est ici un véritable Embryon de Sole, peuvent se tirer d'affaire en disant, qu'on n'en voit encore que les premiers traits, qui sont toujours fort imparfaits.

Le fray, qu'on peut tirer hors de cette cavité, est jaunatre sur quelques Chevrettes, & sur d'autres il est d'un brun obscur; peut-être cette diférence vient elle de ce qu'il est plus avancé sur les unes que sur les autres. Quand on le regarde au Microscope, il paroit composé de globules ronds *, comme le fray des autres Poissons, avec cette diférence seulement, c'est qu'on y voit plus distinctement l'Embryon au-dedans de sa coque, ou de son étui transparent, & que cet Embryon a l'air d'un foetus plié dans ses enveloppes.

* PL. VI.
Fig. 10.

Mais ce qu'il y a ici de plus singulier, & qui a échapé à Mr. Deslandes, est un petit Insecte * à peu près de la grosseur d'un gros grain de sable, qui a seize jambes, deux petites antennes, deux yeux qui s'élevent comme ceux des Chevrettes,

* PL. VI.
Fig. 11.

&

& un Corps articulé de la même manière que celui des Poux de bois. Je
soupçonne, sans en avoir pourtant
aucune preuve sure, que cet Animalcule est affermi sur la queuë de
l'Embryon Sole par un petit ligament,
qui doit lui porter la nourriture ; car
l'aïant examiné dans toutes les situations possibles, je n'y ai rien vu
qui ressemblat à une bouche par laquelle il put se nourrir. Il ne faut
pas oublier de remarquer que, quelque précaution que j'aie prise, pour
ne point me tromper, je n'ai jamais
vu qu'un seul de ces Animalcules à la
fois sur l'Embryon Sole, & qu'aussi
je n'ai jamais trouvé aucun de ces
Embryons, qui fut sans cet Animal.
Tous les Insectes de cette espèce que
j'ai vus, m'ont paru les mêmes à
tous égards ; & ce qu'il y a de plus
remarquable, c'est qu'ils font constamment situés de la même manière,
non dans une ligne parallèle à l'épine
du dos du prétendu Embryon, mais
dans une ligne inclinée, qui forme a-
vec elle un angle aigu. Je n'ai pas
pu observer qu'ils variassent leur si-

F 4

tua-

tuation autrement que par un mouvement d'ondulation fort lent, que se donnoit leur queuë, & qui étoit à peine visible avec une loupe ordinaire; quoique si on les détache, & qu'on les place dabord au foyer d'un Microscope, dans une ou deux goutes d'eau de Mer, sans quoi ils périssent dabord, on apperçoive qu'ils remuent leurs antennes & leurs jambes avec beaucoup de force, ce qui prouve qu'ils sont à tous égards des Animaux parfaits.

Que doit-on donc penser de cet Insecte, de ce prétendu Embryon Sole, & de l'origine de ce fray qui est placé dans la cavité de son dos? Je ne crois pas qu'aucune des circonstances, que je viens de rapporter, puisse nous servir à déterminer quelque chose sur cette matière, jusqu'à ce que nous aïons quelques autres observations plus exactes, qui demanderont beaucoup de soins & d'attention, & qu'on ne pourra pas faire commodément, si l'on n'habite près de la Mer. Quant à moi, si je n'avois

pas

pas à combattre l'autorité de Mr. Deslandes, l'opinion commune des pêcheurs qui demeurent fur des côtes fort éloignées les unes des autres, la forme & la ftructure de ce prétendu Embryon Sole, la croïance où l'on eft que toutes les Chevrettes, à moins peut-être qu'on n'excepte l'efpèce dont il s'agit ici, portent leur fray entre leurs jambes, comme les Ecreviffes de mer & de rivière, jusqu'à ce que leurs petits foient éclos; & enfin la grandeur de l'Animalcule, dont j'ai parlé, qui eft toujours invariablement la même: fi, dis-je, je n'avois pas tout cela à combattre; le fray renfermé dans fa cavité & vu au Microfcope, l'Animalcule, fa fituation, la folitude dans laquelle il vit, fixé continuellement à la même place par un ligament, ou par une efpèce de cordon ombilical, qui lui fert à tirer fa nourriture; ce feroient là tout autant de raifons, qui me porteroient à croire que cet Animalcule eft une Chevrette dans fon premier état, & qui femblable peut-être à plufieurs

F 5   In-

Infectes terreftres, doit paffer par divers changemens, avant que d'arriver à fon plus haut point de perfection : que ce prétendu Embryon Sole n'eft autre chofe qu'une Matrice, & qu'à mefure qu'un Animalcule fe détache, il eft remplacé par un autre, qui fort de la provifion du fray, dont tous les globules font des Oeufs, qui donnent fucceffivement les uns après les autres iffue aux Embryons qu'ils renferment. Ce qui me confirmeroit dans cette penfée, c'eft qu'une perfonne de ma connoiffance, a fouvent remarqué que ce fray diminuoit infenfiblement, & que la cavité qu'il occupoit fe rempliffoit par une autre matière, au lieu de fe vuider en fourniffant la nourriture au prétendu Embryon Sole, comme cette même Perfonne s'y attendoit avant la découverte de l'Animalcule, qui lui a fait fufpendre fon jugement auffi bien qu'à moi. Au refte ces deux fentimens peuvent avoir quelque chofe de vrai. S'il y a ici un véritable Embryon Sole, il peut fervir à la naiffance de la jeune Chevrette, de la même me manière que la Chevrette mère contribue à la sienne. Mais quoi qu'il en soit, cette matière mérite, à mon avis, d'être mieux examinée, & d'être éclaircie par de nouvelles observations.

Avant que de finir ce Chapitre je ne dois pas oublier une particularité dont parle Mr. Deslandes ; suivant lui, ce qu'il appelle Embryon Sole est contenu dans plusieurs petites Vessies, qu'on trouve entre les jambes des Chevrettes, & qui sont fortement collées contre leur estomac. Quoique je ne puisse pas affirmer positivement que j'aie examiné la même espèce de Chevrettes qu'il a vue, je suis très assuré que le plus grand nombre de celles que j'ai observées, pour ne pas dire toutes, n'avoient qu'une seule excrescence de cette espèce du coté gauche, précisément au-dessous de la tête, & encore ressembloit-elle plus à une excoriation de l'écaille extérieure de la Chevrette, qu'à une Vessie. Je dis simplement que cela est vrai du plus grand nombre, parce que je n'oserois pas assurer que je n'en aie vu quelques unes qui a-

 voient

voient une telle excrescence des deux
cotés, vis à vis l'une de l'autre:
c'est ce que je suis assez porté à croire, quoique dans le tems que j'ai observé cet Animal, j'aie fait si peu
d'attention à cette particularité, qu'elle est presque entièrement sortie de
ma mémoire.

CHAPITRE XIII.

De la Langue du Lézard.

LE Lézard est un Animal fort commun en Portugal, & vraisemblablement aussi dans tous les païs
chauds, où il est très utile en dé-
truisant un grand nombre de Mou-
ches, & d'autres Insectes incommo-
des, qui se multiplieroient excessive-
ment sans de tels Ennemis. Sa figure
est trop connue, pour que je doive
m'arrèter à la décrire; je me contenterai de remarquer que tout son Corps
est couvert d'écailles, qui vues au Microscope nous offrent un spectacle
fort

fort agréable. Cet Animal eſt ovi-
pare, & il dépoſe ſes Oeufs, dans
de vieilles mazures, où il ſe retire
lui-même pendant l'hiver ; & la
chaleur de l'Air ſuffit ſeule pour
les faire éclorre. Mr. Marchant
a remarqué dans les *Mémoires de l'A-*
cademie Roiale des Sciences, An.
1718. que ces Animaux avoient quelquefois deux queuës ; & c'eſt ce que
Pline & pluſieurs autres avoient déjà
obſervé avant lui. On en trouve
quelquefois de tels en Portugal, mais
comme rien n'eſt plus commun dans
ce païs-là, que de voir les enfans les
tourmenter de toutes ſortes de façons,
peut-être arrive-t-il que leur aïant
fendu la queuë ſuivant ſa longueur,
chacune des portions s'arrondit, &
devient une queuë complette : car il
eſt très ordinaire que ſi toute leur
queuë, ou ſeulement une partie, ſe
perd par quelque accident, elle recrois-
ſe d'elle-même : j'en ai vu une infinité
d'exemples ; & c'eſt là une perte à
laquelle ils ſont expoſés tous les jours,
lors même qu'ils ne font que jouer
entr'eux ; car les petites vertèbres

F 7

oſſeu-

osseuses, qui forment leur queuë, sont très fragiles, & se séparent aisément les unes des autres : aussi voit-on très souvent des queuës de toutes sortes de longueurs à des Lézards, qui sont d'ailleurs de même taille. Au reste Mr. Marchant nous apprend qu'aiant voulu être témoin de cette reproduction, l'Expérience ne lui a pas réussi, sans qu'il ait pu découvrir à quoi il tenoit. Suivant lui cette nouvelle queuë est une espèce de tendon, & n'est point formée par des vertèbres cartilagineuses, comme la vieille.

Quoique cette particularité soit étrangère à mon but principal, qui est de donner une description de la Langue du Lézard, je me suis cependant fait un plaisir d'en parler, parce qu'elle a quelque analogie avec la vertu reproductrice du Polype, qui depuis quelque tems occupe si agréablement l'attention de tous les curieux, & parce qu'elle est, je pense, le seul exemple de cette espèce, connu jusqu'à présent dans un Animal terrestre.

La Langue du Lézard est fourchue*;

chue *; il la lance avec une très grande viteſſe, & elle eſt admirable- ment bien travaillée pour ſaiſir la proye dont il ſe nourrit. Vue au Mi- croſcope, elle paroit dentelée ſur ſes bords comme une ſcie, & l'on re- marque des ſillons ſur toute ſa ſurfa- ce convexe; cela lui ſert vraiſem- blement à mieux retenir ſa proye, qui étant ailée, pourroit lui échaper aiſément. Au reſte c'eſt ici un ſujet qui n'a pas beſoin d'être décrit am- plement: la ſeule Figure à laquelle je renvoie le Lecteur, en donnera une idée beaucoup plus juſte, que tout ce que je pourrois en dire: je dois ſeulement avertir qu'elle a été tirée d'après une Langue, que j'ai preſſée & ſéchée entre deux glaces, pour la rendre plus tranſparente, & pour obliger les dents à ſe montrer: autre- ment celles-ci reſtent appliquées con- tre les bords, au moins quand l'Animal eſt mort; car lorſqu'il eſt en vie, il y a grande apparence qu'il peut les faire ſortir, ou les retirer à vo- lonté. A la vérité, en préparant ainſi cet objet pour le Microſcope,
j'ai

* PL. VI.
Fig. 12.

j'ai éfacé en partie les fillons dont il est entrecoupé, & il n'en refte plus que de légères traces : c'eft ce dont il eft à propos d'être averti, pour qu'on ait une idée plus jufte de fa figure, dans fon état naturel.

LETTRE

DE

Mr. A. TREMBLEY

à

Mr. FOLKES,

*Président de la Société Royale
de Londres.*

AVEC DES

Observations fur diverses
efpèces de POLYPES
d'Eau douce, nouvelle-
ment découverts.

LETTRE

à

MONSIEUR FOLKES,

Président de la Société Royale.

MONSIEUR,

L e Memoire que j'ai l'honneur de vous envoier, renferme le précis des Obser-vations, que j'ai faites pendant cet Eté sur de fort petits Animaux. C'est de ces Animaux, dont il est parlé dans le paragraphe troisième de

la

la page 297 des *Memoires pour servir à l'Histoire des Polypes à bras en forme de cornes*. Mr. de Reaumur a jugé qu'ils devoient être rangés dans la Classe générale des Polypes ; il en a même déjà désigné des genres par des dénominations particulières, dont je me suis servi dans l'extrait de mes Observations, que je joins à cette lettre. Je prévois que divers endroits de ce Memoire feront peu intelligibles pour ceux, qui ne connoissent pas les Animaux dont je parle. Je n'aurois pu prévenir ce défaut qu'en entrant dans le détail de plusieurs faits que je n'ai pas assez vus. D'ailleurs je ne pourrois faire entendre ces détails sans le secours d'un très grand nombre de Figu-

gures. Ce que je dis suffira, j'espère, pour faire sentir combien
les Animaux dont il s'agit méritent d'être observés. Je ne né-
gligerai rien pour tacher d'apro-
fondir leur Histoire, & pour me
mettre en état de publier ce que
mes Recherches m'auront appris.
Mais c'est ce qui ne se peut faire
en peu de tems.   Il en faut beaucoup pour faire des Observations
réïtcrées, variées, & suivies.
En attendant je me ferai toujours
un plaisir & un devoir de ne rien
négliger pour satisfaire la curiosité de ceux qui aiment l'Histoire
Naturelle, sur ce que je pourrai
découvrir qui me paroitra digne
d'attention.

    J'ai déjà fait voir les prin-
ci-

cipaux *Faits*, dont il est parlé dans ce *Memoire*, à diverses personnes, qui les ont observés avec beaucoup d'attention.

J'ai l'honneur d'être très respectueusement,

MONSIEUR,

Votre très humble
& très obéïssant
serviteur.

A. TREMBLEY.

ME-

MEMOIRE

SUR LES

POLYPES

A

BOUQUET, &c.

ON trouve aſſez communé-
ment en divers endroits,
ſur les Plantes aquatiques,
& ſur les autres Corps,
qui ſont dans l'eau, quelque choſe
de blanc, que l'on ſeroit porté à
prendre au premier coup d'oeuil,
pour une ſorte de Moiſiſſure. Il y
a quelquefois des Plantes, des brins
de bois, des feuilles, des coquilles de
Limaçons &c. qui en ſont entièrement couvertes. Si l'on met quelques uns de ces Corps dans un verre

plein

plein d'eau, & fi l'on examine à la loupe ce qui eſt deſſus, on apperçoit dans tous les petits corps, dont l'aſſemblage forme cette matière blanche, des mouvemens, qui donnent lieu de penſer que ce ſont des Animaux. C'eſt ce qui paroit encore plus ſenſiblement quand on les obſerve avec le Microſcope. On voit de petits Corps à l'extrémité d'une tige, branche ou pédicule. Souvent pluſieurs de ces branches ſont réunies enſemble, & forment une eſpèce de Bouquet. C'eſt ce qui a determiné Mr. de Reaumur à donner aux Animaux qui y ſont attachés, le nom de *Polypes à Bouquet.*

Ces Bouquets ſont plus ou moins grands, ſuivant l'eſpèce des Polypes dont ces Bouquets ſont formés; & ſuivant nombre d'autres circonſtances.

Pour ſe faire une idée nette de la Figure de ces Animaux, il convient de n'obſerver que de petits Bouquets, parce que quand il y a beaucoup de Polypes enſemble, ils ſe cachent les uns les autres.

II

Il y a un cas, dont je ferai mention ci-deſſous, où les Polypes ſont ſeuls. Il eſt bon de les obſerver alors; d'autant plus que c'eſt le moïen de voir comment les Bouquets ſe forment.

Je vais d'abord décrire un des Polypes ſeuls, pour donner une idée générale de la figure de ces Animaux.

Je m'attacherai ſur-tout à décrire ceux que j'ai le plus obſervés. Leur longueur eſt environ $\frac{1}{240}$ d'un pouce. Ils ont à peu près la forme d'une cloche. C'eſt ce dont on peut juger par la Fig. * qui en repréſente * PL. VII. Fig. 3. un extrèmement groſſi. La partie antérieure *ac* paroit ordinairement ouverte, quand elle ſe preſente par devant, & le bout poſtérieur *b* eſt attaché à un Pédicule *bd.* C'eſt par le bout *d* de ce Pédicule que le Polype ſe fixe contre toutes ſortes de Corps. Tout le Polype paroit ordinairement brunatre, quand on l'obſerve au Microſcope, excepté le petit bout *b*, qui eſt transparent, de même que le Pédicule *bd.* Lorsque la partie antérieure *ac* eſt ouverte, on remar-

G   mar-

marque dans les bords un mouvement
fort vif: & lorsque le Polype fe pre-
fente d'une certaine manière, on découvre de côté & d'autre des bords de
la partie antérieure quelque chofe,
que l'on compare volontiers à un pé-
tit moulin, & qui fe meut avec une
très grande viteffe.

Ces Polypes peuvent fe contracter.
C'eft ce qu'ils font tout d'un coup,
& affez fouvent. On peut les y for-
cer en les touchant, ou en remuant
le Corps auquel ils font attachés.
Quand ils fe contractent, les bords
de la partie antérieure rentrent en
dedans du Corps; & lorsqu'ils fe remettent dans leur premier état, (ce
qu'ils font auffi-tôt après s'être con-
tractés,) on voit diftinctement les
bords qui reffortent, & qui recom-
mencent à fe mouvoir comme ils
faifoient auparavant. Si l'on regarde au-deffus des Polypes qui font
ouverts, & dont les bords de la partie antérieure font en mouvement,
on a fouvent occafion de remarquer,
que nombre de petits Corps, qui
nagent dans l'eau, tombent avec
assez

aſſez de viteſſe ſur cette partie antérieure. Quelquefois ils ſont repouſ-
ſés. Pour voir d'une manière bien
ſenſible ces petits Corps, qui tombent ſur les Polypes, il faut obſerver non un ſeul Polype, mais un
Bouquet de pluſieurs Polypes. J'ai
dit que les Polypes, de l'eſpèce dont
il s'agit, paroiſſoient brunatres, quand
on les obſerve au Microſcope : je
dois ajouter qu'en aiant laiſſé pendant
quelque tems dans la même eau, ils
ont peu à peu perdu leur couleur
brune, & ſont devenus transparens,
exceptés quelques grains bruns ou
noirs, qui ſe faiſoient encore remarquer dans leur Corps. Aïant enſuite
mis ces Polypes dans de l'eau tirée
nouvellement d'un foſſé, ils ont en
peu de tems repris la nuance de couleur brune qu'ils avoient auparavant.
On remarque ordinairement que lorſ-
que les Polypes ſont dans de nouvelle eau, il tombe ſur leur partie antérieure un beaucoup plus grand nombre de petits Corps, que lorsqu'ils
ont été pendant quelque tems dans la
même eau.

G 2

Il

Il eſt fort vraiſemblable que ces petits Corps ſont des Animaux ; qu'ils ſervent de nourriture aux Polypes ; & par conſequent, que l'ouverture qui eſt à la partie antérieure de ces derniers eſt leur bouche.

Les Polypes, qui ſont devenus transparens, & que j'ai laiſſés quelque tems ſans les mettre dans de l'eau, dans laquelle ils pouvoient redevenir bruns, ces Polypes, dis-je, ont ceſſé de multiplier. J'en ai obſervé que j'avois enſuite remis dans de l'eau tirée nouvellement d'un foſſé ; & ils ont recommencé à multiplier.

Ces Polypes peuvent nager. Quand ils nagent ils ne ſont point raſſemblés en Bouquets : ils ſont toujours ſeuls ; & ils n'ont pas la même figure que lorsqu'ils ſont fixés & ouverts. C'eſt en nageant qu'ils vont ſe fixer ſur les différens Corps qu'ils rencontrent. Il faut commencer à obſerver un Polype, peu de tems après qu'il s'eſt fixé, pour voir de ſuite la manière dont les Bouquets de Polypes ſe forment ; & pour découvrir comment ces Animaux ſe multiplient.

Le

Le Pédicule d'un Polype, qui eſt encore ſeul, & qui n'eſt fixé que de-puis peu de tems, eſt d'abord aſſez court, mais enſuite il s'alonge.   A-près cela le Polype multiplie, c'eſt-à-dire, il ſe partage en deux ſuivant ſa longueur.   On voit d'abord ſes lèvres entrer en dedans de ſon Corps, & ſa partie antérieure ſe fermer & s'arrondir.   Ce mouvement, qui s'y faiſoit remarquer avant que les lèvres fuſſent rentrées en dedans ne paroit plus: mais ſi l'on obſerve avec attention, on voit, pendant tout le tems que le Polype eſt fermé, on voit, dis-je, en dedans de ſon Corps, un mouvement aſſez lent. Peu à peu la partie antérieure du Polype s'ap-platit; l'Animal s'accourcit d'autant, & devient plus large à meſure qu'il s'accourcit. Il ſe partage enſuite inſen-ſiblement par le milieu: ſavoir, du milieu de la tête, jusqu'à l'endroit ** PL. VII. où le bout poſtérieur tient au Pédi- Fig. 3. *b.* cule : de ſorte qu'au bout de quel-que tems, on voit deux Corps ſepa-rés & arrondis par leur partie anté-rieure, attachés à l'extrémité du Pé-

G 3

dicu-

dicule où il n'y en avoit qu'un auparavant. La partie antérieure de ces deux Corps s'ouvre enfuite peu à peu; & à mefure qu'elle s'ouvre, les lèvres des nouveaux Polypes fe montrent d'avantage. C'eft alors qu'il faut obferver ces lèvres avec attention, pour fe former une idée de la manière dont elles font faites, & du mouvement dont j'ai parlé ci-deffus. Ce mouvement eft d'abord fort lent. Il augmente peu à peu à mefure que les Polypes s'ouvrent: enfin, peu de tems après qu'ils ont achevé de s'ouvrir, ce mouvement devient auffi vif, que celui des lèvres d'un Polype parfait: & c'eft alors que les deux Polypes paroiffent entièrement formés *. Ils font d'abord plus petits que le Polype, dont ils ont été formés, mais ils parviennent à la même grandeur en peu de tems.

Un Polype eft une heure, ou environ, à fe partager.

Pour fe faire une idée un peu exacte de cette opération, il faut la voir plufieurs fois, & il faut que les différens Polypes dans lesquels on

l'ob-

* PL. VII. Fig. 4.

l'obferve foient fitués de différentes manières. Les lèvres de ces Polypes paroiffent compofées de quatre ou cinq bandes transparentes, qui ont un mouvement ondulatoire. Pendant que les Polypes s'ouvrent, & que le mouvement de leurs lèvres eft encore lent, on voit de coté & d'autre, lorsqu'ils font dans certaine fituation, ce que l'on eft porté à prendre pour de petits moulins dans les Polypes entièrement formés, & dont les lèvres fe meuvent fort vite. On diroit alors que ces Polypes, qui s'ouvrent, ont, de coté & d'autre de leur bouche, quatre ou cinq doigts, qui fe courbent & fe dreffent d'un inftant à l'autre, & auxquels les bandes transparentes paroiffent attachées.

Il faut obferver cela fouvent & de bien des manières, pour ne fe pas faire illufion ; & pour ne pas risquer de prendre des apparences pour des réalités. C'eft ce qui arrive d'abord plus ou moins lorsque l'on commence à obferver.

Avant que d'ofer m'expliquer davantage fur cet article, je dois re-

G 4

pe-

peter & pouffer plus loing des Obfervations que j'ai commencées.

Lorsque le premier Polype eft partagé, & que les deux Polypes produits
par cette féparation font entièremenť
formés, on voit fur le Pédicule
PL. VII. *a b* * deux Polypes, qui font atta-
Fig. 4. chés à fon extrémité par leur bout
pofterieur *b*, & qui font à coté l'un
de l'autre.

La proportion qu'il y a d'ordinaire entre la longueur des Polypes, &
celle du Pédicule, eft exactement
obfervée dans cette Figure.

Peu de tems après que la féparation eft achevée, on remarque déjà,
que chacun des deux Polypes commence à avoir un Pédicule à part.

J'ai eu fouvent occafion d'obferver que les deux Polypes avoient, le
jour après celui de leur féparation,
chacun un Pédicule affez long, &
que ces Pédicules ou branches, fe
réuniffoient à l'extrémité du premier
Pédicule, comme les branches d'un
arbre fe réuniffent au tronc.

Plufieurs des Polypes, fur lefquels
j'ai fait des Obfervations fuivies, ont
mul-

multiplié pour le plus tard vingt-quatre heures après la première féparation. Le Bouquet a été alors de quatre Polypes , à chacun desquels il
eft auffi venu un Pédicule, de même
qu'à tous ceux qui fe font formés
par de nouvelles féparations.

La Figure 5. * repréfente un Bou- * PL. VII.
quet de 8 Polypes. Elle peut fai-   Fig. 5.
re concevoir la manière dont fe dis-
pofent les Pédicules des Polypes ,
à mefure que leur nombre augmente.
Ces Pédicules deviennent autant de
branches du Bouquet.

Cette Figure a été deffinée d'après
un Bouquet, dont j'ai fuivi les progrès
dans le mois de 7bre. 1744. Le 9 de ce
mois-là il n'étoit compofé que d'un feul
Polype, qui étoit en *b*. Ce Polype
fe partagea le foir, & à 8 h. & $\frac{1}{2}$ il fe
trouva en *b* deux Polypes parfaits,
dont les Pédicules ou branches *b c*,
b c, crurent jufqu'au lendemain matin 10 de Septembre. Vers les 9 h.
& $\frac{1}{4}$ du matin de ce jour-là , ces deux
Polypes qui étoient en *c*, *c*, com-
mencérent à fe partager , & à 11
h. & un quart il y avoit quatre

G 5   Po-

Polypes parfaits, dont les Pédicules ci, ci, ci, ci, se formèrent ensuite.

Le 11. Sept. à $7\frac{1}{2}$ du matin, je trouvai que ces 4 Polypes s'é- toient déjà partagés, c'est-à-dire qu'il y en avoit huit en i,i,i,i. Le Bouquet de 8 Polypes est représenté tel qu'il étoit le 12. Sept. entre 10 & 11. h. du matin.

Les Polypes ne sont pas toujours rangés comme ils sont représentés dans cette figure. Les Pédicules & les Polypes sont souvent les uns devant les autres, & forment un groupe, dont quelques Polypes sont cachés en tout ou en partie.

Cette Fig. 5. est grossie sur la mê- me échelle que les Fig. 3. & 4.

J'ai observé des Bouquets dont le nombre de Polypes est toujours allé en doublant, de 2 à 4, de 4 à 8, de 8 à 16, de 16 à 32, après quoi il ne m'a plus été possible de comp- ter exactement les Polypes.

Ceci suffit pour faire comprendre comment se forment les Bouquets, & combien ces Animaux multiplient. Aussi en trouve - t - on quelquefois
dans

dans les eaux une très grande quantité.

J'ai de grands Verres dans lesquels ils ont extrèmement multiplié.
Il y a entr'autres dans un de ces Verres, un Bouquet, compofé de quelques Bouquets réunis, qui a plus d'un
pouce de diamètre en tout fens.

Il fe détache de ces Bouquets des
Polypes, qui vont en nageant, fe
fixer chacun à part fur quelque Corps ;
& de chacun de ces Polypes, il peut
venir un Bouquet de Polypes, de
la manière que nous venons de le
dire.

Les branches dont les Polypes fe
font detachés, tiennent encore au
Bouquet, mais elles ne portent plus
de Polypes. Après que tous les Polypes du Bouquet fe font détachés,
l'amas de branches refte encore,
mais il ne fert plus à rien.

Je connois quatre autres efpèces
de Polypes, qui multiplient comme ceux dont j'ai parlé jusqu'à préfent : c'eft-à-dire, que le Polype fe
partage en deux fuivant fa longueur.
Les Polypes qui approchent le plus

G 6 de

de ceux dont je viens de parler, sont plus minces que ces derniers. . Les branches des Bouquets qu'ils forment sont transparentes; mais elles paroissent d'un violet changeant, quand il y en a plusieurs ensemble, & qu'on les regarde dans certain sens. Les Bouquets de cette espèce de Polypes, ressemblent à une jolie aigrette de verre filé. Lorsque ces Animaux sont entièrement formés, on ne voit pas aussi distinctement le mouvement de leurs lèvres, que celui des lèvres des Polypes dont il a été fait mention ci-dessus : mais il est très facile à remarquer, lorsque les Polypes, qui viennent d'être produits par la séparation, s'ouvrent, & achèvent de se former. Alors ce mouvement est lent, au lieu qu'il est extrèmement vif, dans les Polypes qui sont parfaits.

Les Polypes des autres espèces, que j'ai observées, sont encore plus petits que les derniers dont je viens de parler. Ils sont plus courts, mais plus ouverts, plus evasés. Ils ont un caractère, qui les distingue d'une manière bien sensible des deux autres

tres efpèces. Leurs tiges ou branches ont un mouvement, qui ne fe trouve pas dans celles des autres Polypes. Elles fe retirent fouvent tout d'un coup, & fe difpofent en forme de tire-boure, en faifant divers tours de fpirale : & le moment d'après elles fe remettent comme elles étoient auparavant.

Toutes les efpèces de Polypes, dont j'ai parlé, multiplient prodigieufement : mais elles ont des ennemis qui peuvent en détruire une grande quantité en peu de tems.

J'ai auffi obfervé de fuite pendant cet été de petits Polypes, d'un genre différent de celui des Polypes à Bouquets. Ceux dont je veux parler à préfent, ont à peu près la figure d'un entonnoir affez long, à proportion de la largeur de fon embouchure. C'eft pour cela que Mr. de Reaumur leur a donné le nom de *Polypes en entonnoir*.

Je connois trois efpèces de ce genre de Polypes : favoir des verts, des bleus, & des blancs.

Il faut obferver ces Animaux fou-
G 7 vent,

vent, & dans bien des situations différentes, avant que d'avoir une idée
un peu exacte de leur structure. Leur
partie antérieure est plus composée
qu'elle ne paroit d'abord.

On découvre aux bords de cette
partie antérieure un mouvement très
sensible. Quand on les considère
dans une certaine situation, ces bords
en mouvement ressemblent à une roüe
dentelée, ou à une vis sans fin, qui
se meut très vite.

Les Polypes en entonnoir ne forment point de Bouquets.

J'ai remarqué que les petits Corps,
qui passent en nageant près de leur
partie antérieure, sont en quelque
manière attirés, & tombent dans
l'ouverture de cette partie antérieure,
c'est-à-dire, dans l'embouchure de
l'entonnoir. J'ai même vu plus d'u-
ne fois, un nombre considérable de
petits insectes ronds, tomber les uns
après les autres dans cette ouverture.
Une partie de ces Animaux sortoit
par une autre ouverture, que je ne
pourrois pas encore décrire avec assez d'exactitude. J'ai vu qu'il en
res-

reſtoit pluſieurs dans le Corps des
Polypes. Il eſt très apparent que ces
petits Animaux leur ſervent de nourriture.

Les Polypes en entonnoir multiplient auſſi en ſe partageant en deux;
mais ils ſe partagent autrement que
les Polypes à Bouquets. Ils ne ſe
partagent, ni ſuivant leur longueur,
ni transverſalement, mais en biais,
en écharpe, ſi je puis parler ainſi.
De deux Polypes en entonnoir, qui
viennent de la ſéparation d'un Polype,
l'un a l'ancienne tête & un nouveau
bout poſtérieur, & l'autre une nouvelle tête & l'ancien bout poſtérieur.
J'appellerai Polype ſupérieur celui
qui a l'ancienne tête, & Polype inférieur, celui qui a la nouvelle tête.

La première choſe qu'on apperçoit dans un Polype en entonnoir,
qui commence à ſe partager, ce ſont
les lèvres du Polype inférieur, ſavoir ces bords transparens, qui ſe
meuvent ſi vite dans les Polypes entièrement formés. Ces lèvres de la
nouvelle tête ſe font remarquer ſur
le Polype, qui commence à ſe par-
ta-

tager, un peu au-deſſous des lèvres,
jusqu'environ aux deux tiers dé la
longueur du Polype, à compter depuis la tête. Ces lèvres de la nouvelle tête ne ſont pas diſpoſées en
ligne droite ſur la longueur du Polype ; mais elles ſont diſpoſées en
biais. On reconnoit ces lèvres à
leur mouvement, qui eſt aſſez lent.
Cette portion du Corps, qui eſt bor-
dée par ces lèvres, ſe ramaſſe peu à
peu ; ces lèvres ſe rapprochent inſenſiblement ; & il ſe forme, ſur un
coté du Polype, un renflement, qui
ſe trouve enfin être la nouvelle tête ;
& qui eſt bordé par les nouvelles lèvres. Avant même que ce renflement ait fait des progrès fort conſi-
dérables, on commence à diſtinguer
les deux Polypes, qui ſe forment ; &
lorsqu'il eſt fort avancé, ces deux
Polypes ne tiennent plus guères l'un
à l'autre. Le Polype ſupérieur ne
tient plus au Polype inférieur, que
par ſon extrémité poſtérieure, qui
eſt encore attachée à coté de la tête
du Polype inférieur. Le Polype ſupérieur fait alors des mouvemens,
qui

qui paroissent tendre à se détacher.
Enfin, il se détache, & va en nageant
se fixer ailleurs. J'en ai vu un, qui
est venu se fixer à coté du Polype
inférieur dont il s'étoit séparé. Le
Polype inférieur reste attaché à l'endroit où étoit le Polype, qui s'est
partagé, & dont il est une moitié.

Je ne saurois à présent entrer dans
un plus grand détail sur la manière
dont ces Polypes en entonnoir multiplient, parce que je ne le pourrois
sans le secours de plusieurs figures,
& sans faire mention de Faits que je
n'ai pas encore vus assez souvent.

Je me propose de tâcher d'appro-
fondir en même tems l'Histoire de
tous les Polypes dont j'ai parlé; &
peut-être de quelques autres; parce
que je trouve que les Observations
que je fais sur ceux d'une espèce,
facilitent à divers égards celles, que
je fais sur ceux d'une autre espèce,
& reciproquement.

Comme ces Animaux sont fort petits, je n'ai pu observer qu'avec le
Microscope la plupart des Faits dont
j'ai parlé.

Si

Si l'on tiroit de l'eau ces petits objets, pour les expofer au Microfcope, comme on le fait ordinairement,
on risqueroit de les perdre, ou pour
le moins de les déranger. J'obferve donc ces Polypes avec les lentilles
d'un Microfcope, fans les tirer des
poudriers dans lesquels je les tiens,
& qui font à peu près femblables à ce-
PL. VII. lui qu'on voit en A *. Pour cet ef-
Fig. 6. fet, je fais en forte qu'ils foient fort
près des parois du Verre, afin que
le foïer de la lentille puiffe y atteindre. On verra dans l'explication des
Figures, de quelle manière je viens
à bout de cela par le moien d'une plume de Paon, telle que *b c d*. Je fixe
enfuite un porte-loupe *f*, *g*, *b*, *i*, *k*,
à coté de ce Verre; j'y ajufte une lentille *e* d'un Microfcope, & je l'approche de l'objet. La lentille étant fou-
tenue par le porte-loupe, je n'ai
plus befoin de la toucher, dès que
l'objet eft bien au foïer: & toutes les
fois que je le veux obferver, je n'ai
qu'à mettre l'oeuil devant la lentille.

J'éclaire ordinairement mon objet
avec la lumière d'une bougie.

E X-

EXPLICATION
DES
FIGURES.

PLANCHE I.

La Figure I. fait voir un Calmar, avec ſes bras déploiés, & ſon bec plus viſible qu'il ne l'eſt ordinairement. *a.* Lèvre circulaire qui eſt autour de ſon bec. *b, b.* Ses deux grands bras ou Cornes. *c, c* &c. Ses petits bras. *d, d.* Ses Nageoires.

La Figure 2. repréſente un Suçoir des grands bras du Calmar. *a* eſt le Corps du Suçoir. *b* le Pédicule par lequel il eſt adhérent au bras de l'Animal.

Dans la Figure 3. on voit un Anneau, cartilagineux & armé de crochets. Cet Anneau eſt inſeré dans la Membrane qui forme la cavité du Suçoir.

PLAN-

PLANCHE II.

Cette Planche repréfente auffi un Calmar, mais vu par deffous, & aïant fon Etui ouvert, pour laiffer paroitre fes Inteftins.

A A. Etui cartilagineux, qui forme le Corps du Poiffon, & qui eft ouvert ici, afin qu'on puiffe voir ce qu'il renferme.

a, *a*. Paroiffent être deux efpèces de Mammelons, qui font dans l'enveloppe extérieure du Poiffon, & qui s'emboitent dans deux cavités, qu'il femble que l'Auteur a voulu repréfenter en *b*, *b*.

B. Canal, qui a la forme d'un Entonnoir, & par où paffe la liqueur noire que le Calmar fait fortir de fon Corps.

C, C. Cartilages parallèles & cylindriques qui tiennent écartés l'un de l'autre les deux cotés de l'Entonnoir.

D. Le Refervoir qui contient la liqueur noire. Dans la Sèche ce Refervoir eft fitué dans la région inférieure du Ventre de l'Animal ; &

peut-

peut-être qu'ici l'Auteur n'a voulu repréfenter que le conduit excrétoire de cette liqueur.

E, E. Deux Sacs membraneux, remplis d'une fubftance gluante, où eft contenu le Fray de l'Animal.

FF. Deux Tubes parallèles, qui dans le Calmar male fervent à donner iffue à la Laite; & par lesquels il eft apparent que la femelle fait fortir fon Fray.

G, G. Affemblage de Vaiffeaux, remplis d'une matière noire & opaque. L'Auteur foupçonne que ce font les Vaiffeaux, où fe forme la liqueur noire. On voit dans la Sèche un pareil affemblage de Vaiffeaux qui font les Ouïes du Poiffon.

H. Couche de graiffe, qui couvre l'Eftomac.

I. Membrane fine & transparente, qui couvre la partie inférieure du Corps de l'Animal.

K, K. Les deux Nageoires.

PLANCHE III

La Figure I. repréfente une Membra-

brane, placée au dedans de la cavité du Bec du Calmar, où elle forme
la Langue & le Gosier; elle est garnie de neuf rangées de dents; on la
voit ici telle qu'elle paroit avec le
Verre N°. 3. d'un double Microscope à reflexion.

Dans la Figure 2. cette Membrane est représentée de grandeur naturelle.

La Figure 3. fait voir cette même
Membrane, sous la forme qu'elle a
lorsqu'elle est dans le Corps de l'Animal.

Dans la Figure 4. on voit cette
même Membrane tirée de la Sèche:
elle difère de celle du Calmar par
la figure & l'ordre de ses dents.

La Figure 5. représente le Bec du
Calmar, tiré hors de la Lèvre ridée
qui l'environne.

Dans la Figure 6. on voit un Vais-
feau laiteux du Calmar de grandeur
naturelle.

La Figure 7. représente un de ces
Vaiffeaux laiteux, qui a acquis toute
fa maturité, & qui est vu avec le
Verre N°. 3. d'un double Microfcope

pe à reflexion. C'eſt un Etui cartilagineux, dans lequel on voit les
parties ſuivantes. *a b.* Vis ou petit
Reſſort, fait en ſpirale. *b* eſpèce
de Sucçoir, ou Piſton, adhérent au
Reſſort. *c* Barillet dans lequel ce
Piſton eſt reçu. *c d* Ligament par lequel le Barillet eſt joint à la Subſtance ſpongieuſe *d e* ; comme cette ſubſtance eſt opaque, on l'a repréſentée
ici noire, quoiqu'elle ſoit blanche.

La Figure 8. fait voir un Vais-
ſeaux laiteux, tel qu'il paroît après
ſon action. *a* eſt l'Etui ou Corps du
Vaiſſeau. *b* le Piſton. *c* le Barillet,
ſéparé du Piſton, & d'où la ſemence ſort. *d*, *e*, deux eſpèces de noeuds
formés par le rétréciſſement du Tube
dans lequel la Subſtance ſpongieuſe
eſt renfermée. Quand cette Subſtance
eſt hors de l'Etui, elle devient cinq
fois plus longue qu'auparavant. Sa
partie qui eſt entre *d* & *e* paroît
frangée, parce qu'elle eſt rompue
& ſeparée en parcelles à peu près
égales.

La Figure 9. eſt celle d'un Vais-
ſeau laiteux dont la Vis s'eſt rompue

pue précisément au-dessus du Piston. *a* est le Corps du Vaisseau. *b* le Piston, encore engagé dans le Barillet *c.* En *d*, & *e.* on voit les deux noeuds formés par le rétrécissement du Tube, où la matière spongieuse est renfermée. *f.* est l'extrémité de la Vis; elle se termine en pointe parce que le Tube, dans lequel elle est renfermée, s'est contracté, & a pris une figure conique.

PLANCHE IV.

Toutes les Figures de cette Planche représentent des Vaisseaux laiteux, qui ne sont pas encore parvenus à leur maturité.

La Figure I. montre un de ces Vaisseaux tel qu'il est, après qu'on en a fait sortir tout l'appareil intérieur, en appliquant de l'eau à la tête de son Etui.

La Figure 2. est celle d'un Vaisseau, dont l'Etui a été coupé précisément au-dessous du Barillet. *a* est le Barillet, *b* est la Substance spongieuse fort dilatée, & sortant à moitié de l'Etui. La

La Figure 3. fait voir ce qui arrive si l'on coupe l'extrémité inférieure d'un Vaisseau. *a* l'ouverture par où sort la Substance spongieuse, après que le Ligament, par lequel elle étoit adhérente au Barillet, a été rompu; *b* partie séparée de l'Etui.

La Figure 4. montre un Vaisseau dont on a aussi coupé la partie inférieure; mais le résultat de cette opération diffère de ce qu'on voit dans la Figure 3. en ce que le Ligament, qui joignoit la partie spongieuse avec le Barillet, a frappé avec une telle force contre les parois de l'Etui, qu'il s'est ouvert un passage au travers. *a* est ce Ligament. *b* est la partie séparée de l'Etui.

La Figure 5. est celle d'un Vaisseau laiteux, coupé au dessus & au dessous de la Substance spongieuse. *a* est la partie supérieure de l'Etui. *b* est la partie inférieure. *c*, *d*, *e*, *f*, séparations qui se forment dans la Substance spongieuse, lorsqu'elle fait éfort pour sortir par les deux ouvertures faites à son Etui.

H

PLAN-

PLANCHE V.

La Figure 1. repréfente l'Ovaire, les Etamines avec leurs Sommets, & le Piftile d'une Fleur de Lis. Un des lobes du Piftile eft un peu écarté des deux autres, pour laiffer voir fes Mammelons intérieurs.

La Figure 2. eft celle d'un de ces Mammelons, groffi au Microfcope, & contenant un globule de Pouffière.

La Figure 3. montre une fection transverfale de l'Ovaire du Lis.

La Figure 4. repréfente une goute d'eau, qui contient plufieurs globules des Etamines de la Mauve. On voit quelques uns de ces globules occupés à darder la Pouffière qu'ils renferment. Cette Figure eft le champ du Verre N°. 3. d'un double Microfcope à reflexion.

La Figure 5. eft celle d'un feul globule de la Mauve, qui darde auffi la Pouffière qu'il contient. Il eft repréfenté tel qu'on le voit avec le Verre, qui groffit le plus dans un double Microfcope à reflexion.

Dans

Dans la Figure 6. on voit une goutte d'eau, remplie de petites Anguilles, qui se trouvent dans le Blé gaté par la Nielle. Cette Figure est telle qu'elle paroit avec le Verre N°. 3. d'un Microscope.

La Figure 7. est une des Anguilles de ce Blé gaté, vue avec le Verre qui grossit le plus.

La Figure 8. est celle d'un petit Scarabée trouvé sur le Narcisse, & représenté dans sa grandeur naturelle.

Dans les Figures 9. & 10. ce même Scarabée est représenté tel qu'il paroit quand on le considère avec une forte loupe ; la Figure 9 le fait voir par dessus le dos, avec la tête dressée ; dans la Figure 10 on le voit par dessous le ventre, & avec la tête aussi dressée.

Dans les Figures 11 & 12. on voit ce Scarabée, comme dans les deux Figures précédentes, avec cette seule diférence, c'est que sa tête est représentée dans son attitude naturelle.

Dans les Figures 13. 14. 15. On voit les écailles qui couvrent le Corps

 de

de ce Scarabée. Ces écailles font
représentées telles qu'elles paroiflent
avec le Verre qui grofíit le plus dans
un Microfcope.

La Figure 16. eft celle d'un oeuf
de la Raye, de grandeur naturelle.
On a coupé & renverfé une portion
de fa Coque pour laiffer paroitre ce
qui eft en dedans.

PLANCHE VI.

La Figure 1. eft celle d'un Bernacle, de la plus grande efpèce. On
a enlevé une partie de fa Coquille,
pour laiffer voir ce qui eft en dedans:
ab le Pédicule du Bernacle. *bc* un
des Batans de la Coquille de ce Pois-
fon. *d.* fa Bouche. *c*, *c*, *c*, fes Cornes ou bras. *f.* fa Trompe.

La Figure 2. eft celle d'un des
Batans de la Coquille du Bernacle,
vu féparément. *a* eft une des pièces
dont ce Batant eft compofé. *b* eft
l'autre pièce. La ligne blanche qui
eft entre ces deux pièces, eft celle
où elles font jointes l'une à l'autre

par

par une Membrane, qui tapisse l'intérieur de la Coquille.

La Figure 3. est celle d'une espèce de Charnière, qui joint ensemble les deux Batans de la Coquille du Bernacle.

La Figure 4. est celle d'une Corne du Bernacle grossie au Microscope, pour faire mieux voir les incisions, qui en partagent le coté concave, & les touffes de poils qui sont entre chaque incision.

La Figure 5. représente une Trompe d'un Bernacle de la grande espèce, grossie au Microscope.

La Figure 6. est celle d'une des six lames dentelées, qui composent la bouche du Bernacle ; on voit à sa baze les restes des Nerfs, qui lui communiquent le mouvement.

La Figure 7. représente de grandeur naturelle un Bernacle de la petite espèce. *a* la Coquille qui renferme immédiatement le Corps de l'Animal. *b* autre Coquille univalve, dans laquelle la Coquille *a* est logée. *c* la Trompe de ce Bernacle.

La Figure 8. est cette même Trom-

H 3

pe

pe du Bernacle de la figure précédente, mais groffie au Microfcope.

La Figure 9. eft celle d'un prétendu *Embryon-Sole*, repréfenté de grandeur naturelle: on y diftingue une ligne articulée, qui a quelque reffemblance avec l'épine du dos de la plupart des Poiffons.

La Figure 10. repréfente le Fray, qu'on a tiré d'une cavité qui eft au deffous de la tête de certaines Chevrettes.

La Figure 11. eft celle d'un Infecte que l'Auteur a vu conftamment fur les prétendus Embryons-Soles : on le voit ici par deffus le dos. Cet Infecte eft de la groffeur d'un grain de fable; ainfi l'on comprend aifément qu'on l'a repréfenté tel qu'il paroit avec le Microfcope.

La Figure 12. eft celle d'une Langue de Lézard, vue au Microfcope. Elle eft fourchue à une de fes extrémités: fes bords font dentelés, & l'on remarque des fillons fur toute fa furface convexe, qu'on n'a repréfenté ici qu'imparfaitement ; parce qu'on les a éfacé en partie, en prepaparant cet objet pour le Microfcope.

PLANCHE VII.

Les Figures 1 & 2 de cette Planche ont été ajoutées dans cette Edition, pour faire voir que les Bernacles fe multiplient par végétation.

La Figure 1. repréfente un Bernacle chargé de deux autres qui fortent
de fon Corps. *a b* le Pédicule du
Bernacle. *b c* la Coquille dans laquelle l'Animal eft renfermé. *b* endroit
où le Pédicule pouffe une branche
b d. en *d* cette branche fe divife pour
former les Pédicules de deux autres
Bernacles. Celui de ces deux Bernacles, auquel on a joint des lettres,
fera mieux comprendre la defcription
de la Coquille de cet Animal que les
Figures 1. 2. & 3. de la Planche VI.
e la Charnière qui tient unis les deux
Batans dont la Coquille eft compofée. *f* & *g* les deux pièces qui en-
trent dans la compofition d'un de ces
Batans. *h.* ligne dans laquelle ces
deux Batans font adhérens l'un à l'autre par une Membrane, qui tapiffe
H 4
l'in-

l'intérieur de la Coquille ; & qui leur laisse assez de jeu , pour qu'en s'écartant, ils forment une ouverture de figure rhomboïdale.

La Figure 2. est celle d'un Bernacle qui n'est chargé que d'un seul petit, *ab* est le Bernacle Mère. *bc* est le petit qui pousse hors de son Corps en *b*, & dont la Coquille est ouverte en *c*.

Les 4 Figures suivantes apartiennent au Mémoire sur les Polypes.

La Figure 3. représente un Polype, qui après s'être separé d'un Bouquet, & avoir nagé, s'est fixé contre quelque Corps. *abc*. le Polype. *ac* son bout antérieur, qui est evasé & ouvert : c'est la bouche du Polype. *b* son bout postérieur, qui tient au Pédicule. *bd*. Ce Pédicule est très court, quand le Polype se sépare du Bouquet. *d* l'extrémité du Pédicule, par laquelle il se fixe contre les Corps qu'il rencontre.

La Figure 4. représente les deux Polypes, qui se sont formés par la séparation du Polype de la Figure pré-

cé-

cédente. *b a*, le Pédicule, qui s'eſt allongé depuis le jour précédent. Il étoit alors comme dans la Figure 3. On voit en *b* de la Fig. 4. le commencement des Pédicules particuliers des deux Polypes : ces Pédicules s'allongent aſſez promptement après la ſéparation des Polypes.

La Figure 5. repréſente les progrès du Bouquet, dont le commencement ſe voit dans les Fig. 3. & 4. *b a* le premier Pédicule, mais allongé. *b* l'endroit où étoit le Polype repréſenté Fig. 3. le 9ᵉ. Sept. 1744. Ce Polype ſe diviſa à 8. h. & ½ du ſoir, & il y eut alors en *b* deux Polypes, comme cela eſt repréſenté dans la Fig. 4. *b c*, *b c*, les Pédicules de ces deux Polypes. Ces Polypes ſe partagérent le 10. environ à 9. h. & ¼ du matin. Il y eut alors quatre Polypes, dont les Pédicules s'allongérent. Ils ſont repréſentés en *c i*, *c i*, *c i*, *c i*. Les quatre Polypes ſe partagèrent le 11. environ à 7. h. & ½ du matin. Ils ſont repréſentés avec leurs Pédicules alongés, qui partent de *i*, *i*, *i*, *i*. La Figure 6. repréſente l'Appareil

H 5

né-

néceſſaire pour obſerver un Polype à Bouquet commodement & de ſui-te, au Microſcope. Dans le Ver-re *A*, eſt un bout de plume de Paön *b*, *c*, *d*, qui eſt courbée en *c*, & dont les extrémités ſont aſſujetties de coté & d'autre contre les parois du Verre, par le moien du reſſort de la plume. A l'un des bouts de la plume on a laiſſé une barbe, qui eſt aſſez lon-gue pour qu'on aît pu y attacher en *d* un brin de prêle aquatique, ſur lequel eſt un Polype, qui ſe trouve fort près des parois du Verre, en ſorte qu'on peut l'obſerver facilement avec une lentille d'un foyer court, telle que *e*. Cette lentille eſt viſſée dans un an-neau, dont la branche *f g* porte à ſon extrémité une boule, qui s'ajuſte dans un vaſe & forme un genouil. Il y a encore des genouils en *b* & en *i*. Par le moien de ces genouils on peut mou-voir la lentille en tout ſens, & l'ap-procher commodement de l'objet. Le pied *i*, *k*, eſt enfoncé dans le bord de la tablette de la fenêtre, ſur la-quelle le Verre repoſe. Le jour qui vient par la fenêtre peut ſuffire pour

ob-

obferver dans le Verre l'objet, à
l'oeuil, ou à la loupe ; mais, lorsqu'on veut l'obferver avec une lentille d'un foyer court, il faut intercep-
ter ce jour, & mettre derrière le
Verre une bougie, dont la lumière
foit à la hauteur de l'objet. La lentille peut facilement refter plufieurs
jours de fuite devant l'objet, fans être
derangée ; de forte que pour obferver les progrès du Polype, on n'a
qu'à placer de tems en tems la bougie derrière le Verre, & mettre
l'oeil devant la lentille.

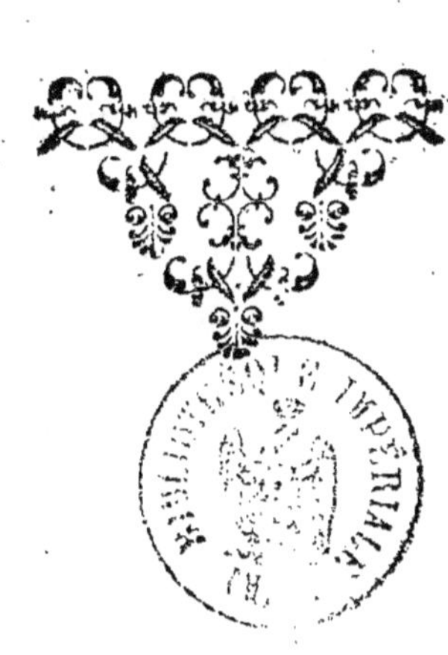

On peut avoir ce Livre.

à *Amsterdam*, *Chez* Châtelain.
à *Rotterdam*, - - - Beman.
à *La Haye*, - - - Van Tol.
à *Dort*, - - - - - Van Braam.
à *Delft*, - - - - - Grauwenhaan.
à *Haarlem*, - - - Bos.
à *Gouda*, - - - - Bellard.
à *Middelbourg*, - - Bakker.
à *Utrecht*, - - - - Broedelet.
à *Deventer*, - - - Van Wezel.
à *Zutphen*, - - - Van Hoorn.
à *Harderwyk*, - - Mooyen.
à *Harlingen*, - - - Vander Plaats.
à *Leuwarde*, - - - Ferwerda.
à *Groningue*, - - - Hajo Spandaw.
à *Breda*, - - - Van den Kieboom.

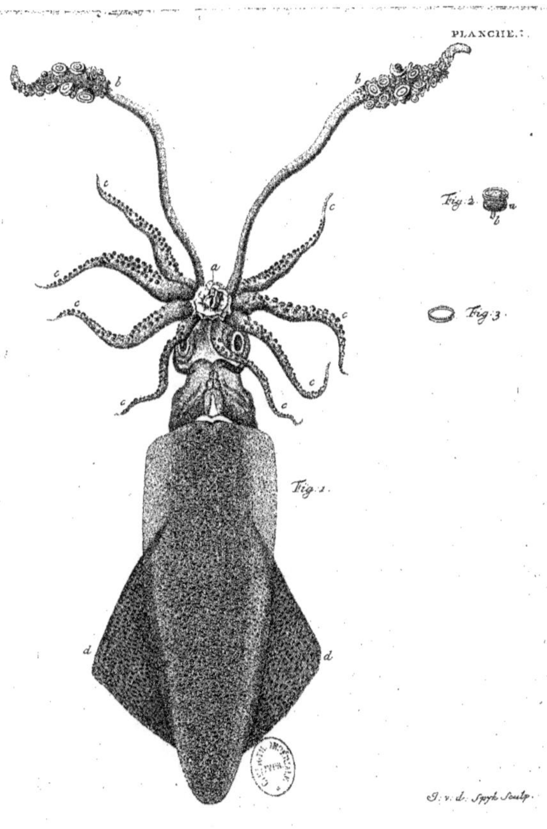

PLANCHE.
Fig. 2.
a
b
Fig. 3.
Fig. 1.
b
b
c
c
c
c
c
c
a
c
e
d
d
J. v. d. Spyk Sculp.

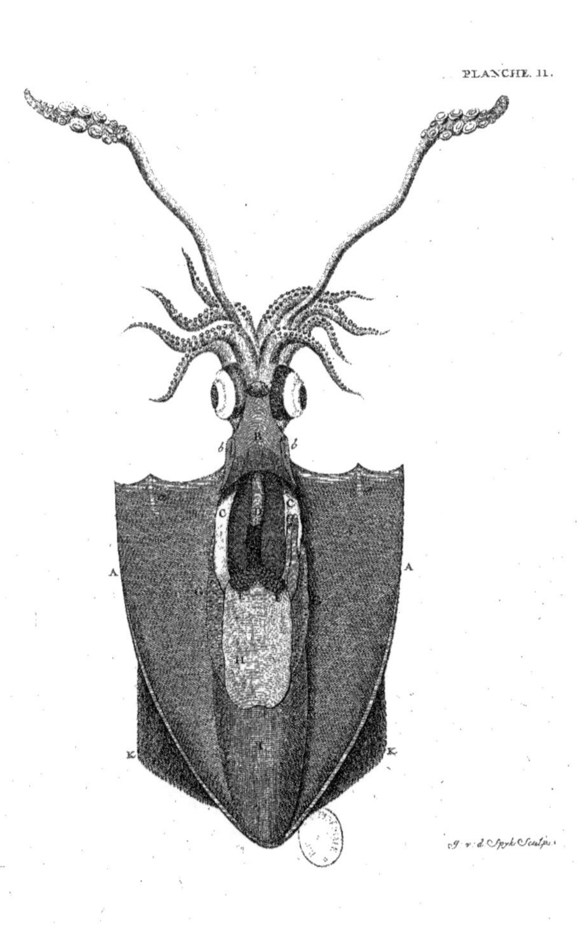

J. v. d. Spyk Sculp.

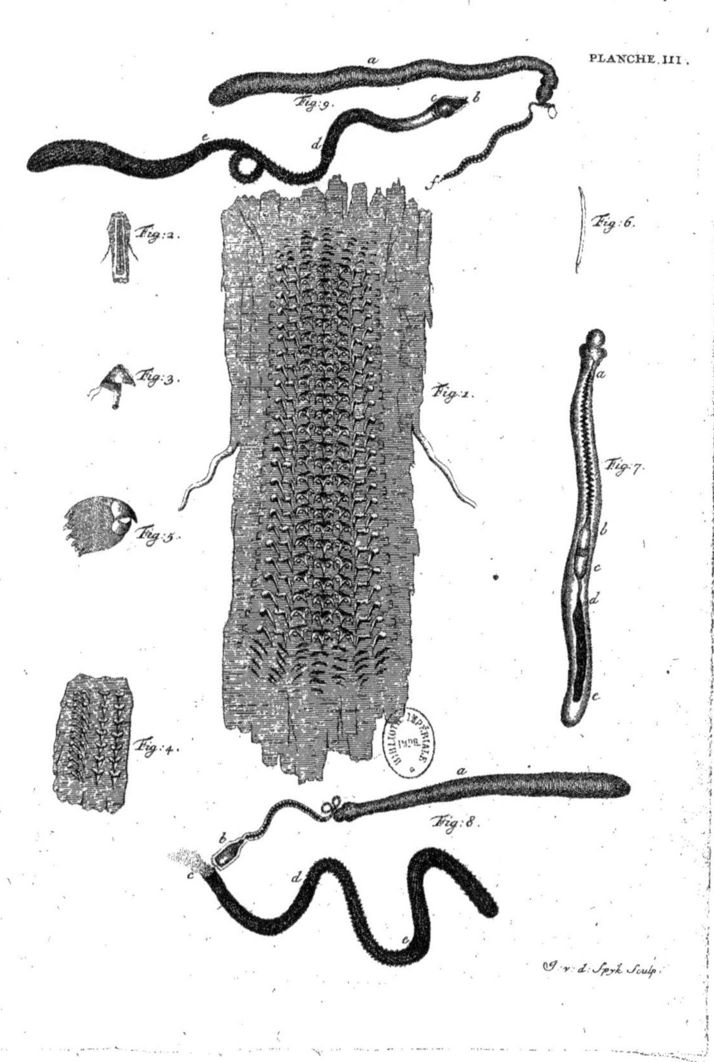

PLANCHE. III.
Fig: 9.
a
c
b
e
d
f
Fig: 2.
Fig: 6.
Fig: 3.
Fig: 1.
a
Fig: 7.
Fig: 5.
b
c
d
e
Fig: 4.
a
Fig: 8.
b
c
d
e
J. v. d. Spyk Sculp.

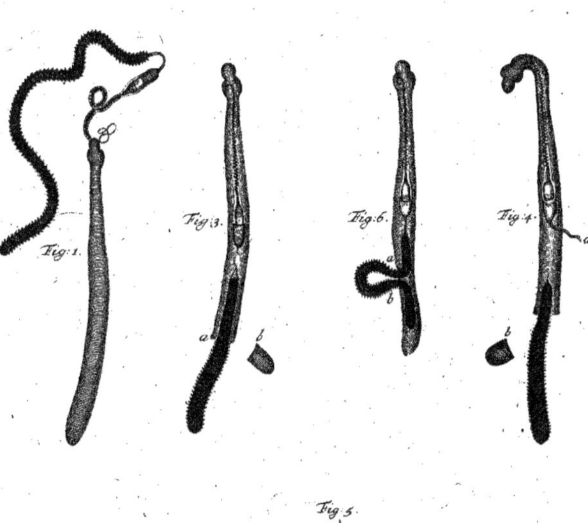

J. v. d. Spyk Sculp.

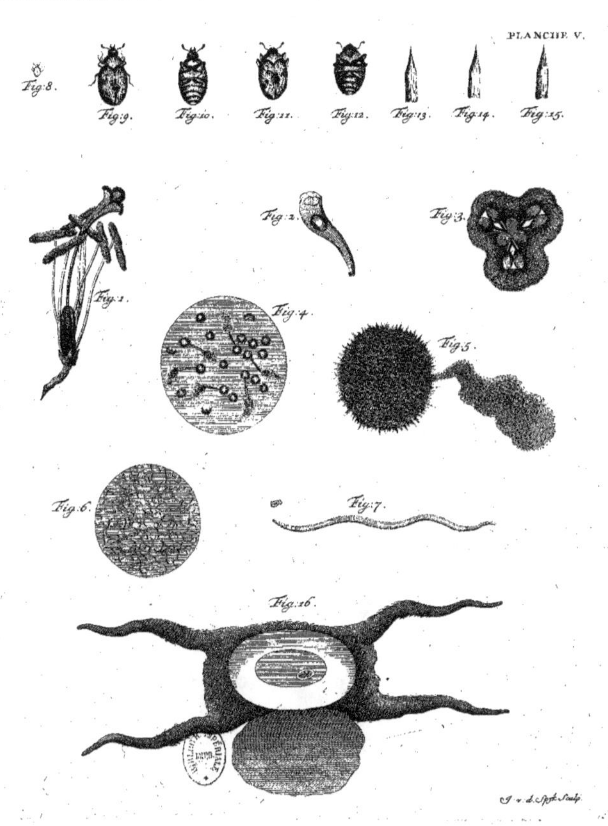

J. v. d. Spyk Sculp.

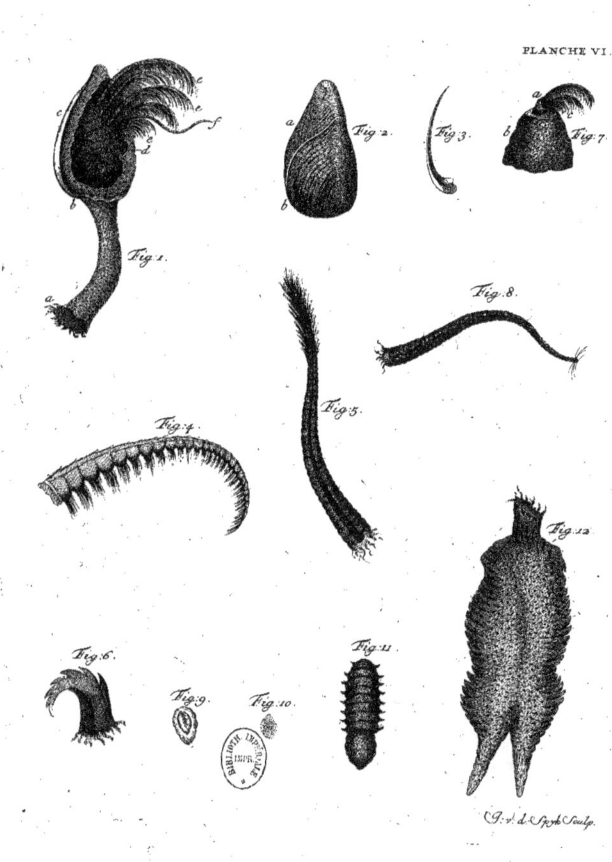
Fig. 1.
Fig. 2.
Fig. 3.
Fig. 7.
Fig. 8.
Fig. 5.
Fig. 4.
Fig. 6.
Fig. 9.
Fig. 10.
Fig. 11.
Fig. 12.

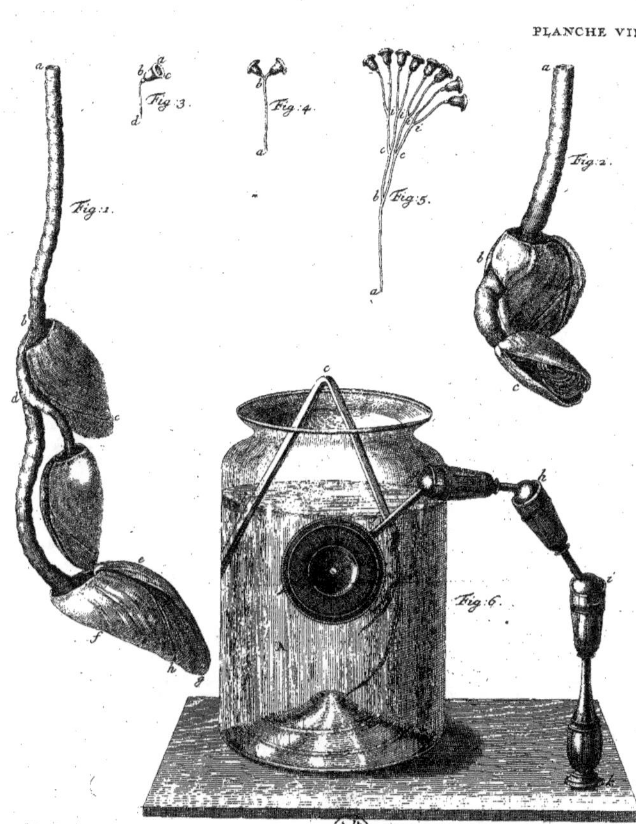
Fig: 1.
Fig: 2.
Fig: 3.
Fig: 4.
Fig: 5.
Fig: 6.

9 782019 319595